中文版After Effects 2023从入门到实战

（全程视频版）

（下册）

148个实例讲解+**214**集教学视频+**赠送**海量资源+**在线交流**

☑ 配色宝典 ☑ 构图宝典 ☑ 创意宝典 ☑ 商业设计宝典 ☑ 色彩速查宝典
☑ 19 款 AE 插件基本介绍 ☑ Photoshop 基础视频 ☑ Premiere 基础视频
☑ 3ds Max 基础视频 ☑ PPT 课件 ☑ 素材资源库 ☑ AE 常用快捷键

唯美世界 曹茂鹏 编著

中国水利水电出版社

www.waterpub.com.cn

·北京·

内 容 提 要

《中文版After Effects 2023从入门到实战（全程视频版）（全两册）》以"核心功能+实战提升"的形式系统讲述了After Effects必备知识、图层、蒙版、视频效果、调色效果、过渡效果、关键帧动画、抠图与合成、文字、渲染、跟踪与稳定、表达式应用等核心技术，以及After Effects在光效效果、粒子效果、广告动画、影视栏目包装、短视频制作、影视特效、UI动效等方面的综合实例应用，是一本全面讲述After Effects软件应用的完全自学教程和案例视频教程。 全书共21章，上册主要以"基础知识+实例应用"的形式系统讲解After Effects的基础入门操作、创建第一个After Effects作品、图层、创建及编辑蒙版、常用视频效果、调色效果、常用过渡效果、关键帧动画、抠像与合成、文字效果；下册则主要通过实例与综合案例的形式详细讲解了作品的渲染、跟踪与稳定、表达式的应用，以及After Effects在光效效果、粒子效果、广告动画、影视栏目包装、短视频制作、影视特效、UI动效等方面的综合实例应用，以此来帮助读者奠定扎实的知识基础并提升实战应用技能。

《中文版After Effects 2023从入门到实战（全程视频版）（全两册）》的各类学习资源包括：

（1）配套资源：214集教学视频和素材源文件；

（2）赠送相关软件学习资源：《Premiere基础视频教程》《Photoshop基础视频教程》《3ds Max基础视频教程》《19款AE插件基本介绍》《17个高手设计师常用网站》；

（3）赠送设计理论及色彩技巧电子书：《配色宝典》《构图宝典》《创意宝典》《色彩速查宝典》《商业设计宝典》；

（4）练习资源：实用设计素材、视频素材；

（5）教学资源：《After Effects 基础教学PPT课件》。

《中文版After Effects 2023从入门到实战（全程视频版）（全两册）》适合各类视频制作、视频后期处理的初学者学习使用， 也适合相关院校及相关培训机构作为教材使用，还可作为所有视频制作与设计爱好者的学习参考资料。本书使用After Effects 2023版本制作与编写，建议读者在此版本或以上的版本上学习使用，低版本可能会导致部分文件无法打开。

图书在版编目（CIP）数据

中文版 After Effects 2023 从入门到实战：全程视频版：全两册 / 唯美世界，曹茂鹏编著. — 北京：中国水利水电出版社，2023.12

ISBN 978-7-5226-1835-7

Ⅰ．①中… Ⅱ．①唯…②曹… Ⅲ．①图像处理软件—教材 Ⅳ．① TP391.413

中国国家版本馆 CIP 数据核字 (2023) 第 189525 号

书　　名	中文版After Effects 2023从入门到实战（全程视频版）（下册） ZHONGWENBAN After Effects 2023 CONG RUMEN DAO SHIZHAN	
作　　者	唯美世界　曹茂鹏　编著	
出版发行	中国水利水电出版社 （北京市海淀区玉渊潭南路1号D座 100038） 网址：www.waterpub.com.cn E-mail: zhiboshangshu@163.com 电话：（010）62572966-2205/2266/2201（营销中心）	
经　　售	北京科水图书销售有限公司 电话：（010）68545874、63202643 全国各地新华书店和相关出版物销售网点	
排　　版	北京智博尚书文化传媒有限公司	
印　　刷	北京富博印刷有限公司	
规　　格	190mm×235mm　16开本　28印张（总）　887千字（总）　2插页	
版　　次	2023年12月第1版　2023年12月第1次印刷	
印　　数	0001—5000册	
总 定 价	128.00元（全两册）	

前言
Preface

After Effects 2023（简称AE）软件是Adobe公司研发的世界知名、使用广泛的视频特效后期编辑软件。After Effects的每一次版本更新都会引起万众瞩目。2013年，Adobe公司推出了After Effects CC（Creative Cloud，创意性的云）版本，将工作的重心放在Creative Cloud云服务上。本书采用After Effects 2023版本编写，同时也建议读者安装After Effects 2023版本进行学习和练习。

After Effects 2023在日常设计中的应用非常广泛，光效、粒子、广告动画、影视包装、短视频、影视特效、UI动效制作等都要用到它，它几乎成了各种视频编辑特效设计的必备软件，即"视频特效必备"。After Effects 2023功能非常强大，但任何软件都不能面面俱到，学习视频编辑除了学习使用After Effects 2023制作特效之外，建议同时学习Premiere Pro。Premiere Pro+After Effects是视频制作的完美搭档。

特别注意： After Effects 2023版本已经无法在Windows 7版本的系统中安装，建议在Windows 10（64 位）版本的系统中安装该软件。

本书显著特色

1. 配备大量视频讲解，手把手教你学After Effects

本书配备了214集教学视频，涵盖全书几乎所有实例、重要知识点，如同老师在身边手把手教学，使学习更轻松、更高效！

2. 扫描二维码，随时随地看视频

本书在章首页、重点、难点等多处设置了二维码，手机扫一扫，可以随时随地看视频（若个别手机不能播放，可下载后在计算机上观看）。

3. 内容全面，注重学习规律

本书将After Effects 2023中的常用工具、命令融入实例中，以实战操作的形式进行讲解，知识点更容易理解吸收。本书采用"选项解读+实例操作+技巧提示"的模式编写，也符合轻松易学的学习规律。

4. 实例丰富，强化动手能力

本书共148个实例，类别涵盖粒子、光效、影视栏目包装、广告动画、影视特效、UI动效、自媒体短视频等诸多设计领域，便于读者动手操作，在模仿中学习。

5. 案例效果精美，注重审美熏陶

After Effects只是工具，设计好的作品一定要有美的意识。本书案例效果精美，目的是加强对美感的熏陶和培养。

6. 配套资源完善，便于深度、广度拓展

除了提供几乎覆盖全书实例的配套视频和素材源文件外，本书还根据设计师必学的内容赠送了大量的教学与练习资源。

（1）赠送相关软件学习资源：《Premiere基础视频教程》《Photoshop基础视频教程》《3ds Max基础视频教程》《19款AE插件基本介绍》《17个高手设计师常用网站》；

（2）赠送设计理论及色彩技巧电子书：《配色宝典》《构图宝典》《创意宝典》《色彩速查宝典》《商业设计宝典》；

（3）练习资源：实用设计素材、视频素材；

（4）教学资源：《After Effects 基础教学PPT课件》。

7. 专业作者心血之作，经验技巧尽在其中

本书作者系艺术专业高校教师、中国软件行业协会专家委员、Adobe® 创意大学专家委员会委员、Corel中国专家委员会成员，设计、教学经验丰富，在书中融入了大量的经验技巧，可以帮助读者提高学习效率，少走弯路。

8. 提供在线服务，随时随地交流学习

本书提供公众号资源下载、QQ群学习交流与互动答疑等服务。

关于本书资源的使用及下载方法

（1）扫描并关注下方的"设计指北"微信公众号，输入AE18357并发送到公众号后台，即可获取本书资源的下载链接。将此链接复制到计算机浏览器的地址栏中，根据提示下载即可。

（2）加入本书学习QQ群826389953（群满后，会创建新群，请注意加群时的提示，并根据提示加入相应的群），与作者和广大读者进行在线学习与交流。

提示： 本书提供的下载文件包括教学视频和素材等，教学视频可以演示观看。要按照书中实例操作，必须安装After Effects 2023软件之后才可以进行。你可以通过如下方式获取After Effects 2023简体中文版：

（1）登录Adobe官方网站http://www.adobe.com/cn/查询。

（2）可到网上咨询、搜索购买方式。

若版本正确，在打开本书配套.aep文件时，提示"项目文件不存在"的问题（这是由于文件路径过长导致的），可以尝试将.aep文件复制至桌面重新打开。

关于编者

本书由唯美世界组织编写，其中曹茂鹏承担主要编写工作，参与本书编写和资料整理的还有瞿颖健、杨力、瞿学严、杨宗香、曹元钢、张玉华、孙晓军等。部分插图素材购买于摄图网，在此一并表示感谢。

编　者

目录

Contents

目录

Chapter
12
第12章

扫一扫，看视频

渲染不同格式的作品

本章内容简介：

在After Effects中制作作品时，大多数读者认为作品制作完成就是操作的最后一个步骤，其实并非如此。通常在作品制作完成后还会进行渲染操作，将【合成】面板中的画面渲染出来，便于影像的保留和传输。本章主要讲解如何渲染不同格式的文件，包括常用的视频个数、图片格式、音频格式等。

重点知识掌握：

- 在AE中渲染多种格式的方法
- 使用【渲染队列】进行渲染
- 在Adobe Media Encoder中进行渲染

12.1 初识渲染

扫一扫，看视频

很多三维软件、后期制作软件在制作完成作品后，都需要进行渲染，将最终的作品以可以打开或播放的格式呈现出来，可以在更多的设备上播放。影片的渲染是指将构成影片的每个帧进行逐帧渲染。

12.1.1 什么是渲染

渲染通常是指最终的输出过程。其实创建在【素材】【图层】【合成】面板中显示的预览的过程也属于渲染，但这些并不是最终渲染。真正的渲染是最终需要输出为一个我们需要的文件格式。在After Effects中主要有两种渲染方式，分别是在【渲染队列】中渲染、在Adobe Media Encoder中渲染。

12.1.2 为什么要渲染

在After Effects中制作完成复制的动画效果后，可以直接按空格键进行播放，查看动画效果。但这不是真正的渲染，真正的渲染是需要将After Effects中的动画效果生成输出为一个视频、图片、音频、序列等需要的格式。例如，输出常用的视频格式有.mov、.avi，这样就可以将渲染的文件在计算机中播放、手机中播放，甚至上传到网络也可以播放。图12.1所示为After Effects创作作品的步骤，After Effects文件制作完成→进行渲染→渲染出的文件。

图 12.1

12.1.3 After Effects中可以渲染的格式

在After Effects中可以渲染很多格式，如视频和动画格式、静止图像格式、仅音频格式、视频项目格式。

1. 视频和动画格式
- QuickTime（MOV）
- Video for Windows（AVI；仅限 Windows）

2. 静止图像格式
- Adobe Photoshop（PSD）
- Cineon（CIN、DPX）
- Maya IFF（IFF）
- JPEG（JPG、JPE）
- OpenEXR（EXR）
- PNG（PNG）
- Radiance（HDR、RGBE、XYZE）
- SGI（SGI、BW、RGB）
- Targa（TGA、VBA、ICB、VST）
- TIFF（TIF）

3. 仅音频格式
- 音频交换文件格式（AIFF）
- MP3
- WAV

4. 视频项目格式
Adobe Premiere Pro 项目 (PRPROJ)

12.2 渲染队列

扫一扫，看视频

在【渲染队列】中可以设置要渲染的格式、品质、名称等多种参数。

【重点】12.2.1 轻松动手学：最常用的渲染步骤

扫一扫，看视频

文件路径：第12章 渲染不同格式的作品→轻松动手学：最常用的渲染步骤

步骤 01 打开本书配套文件01.aep，如图12.2所示。

步骤 02 激活【时间轴】面板，然后按快捷键Ctrl+M，弹出的【渲染队列】面板如图12.3所示。

步骤 03 修改【输出到：】后的名称为【渲染.mp4】，并更改保存的位置，最后单击【渲染】按钮，如图12.4所示。

步骤 04 等待一段时间，在刚才修改的路径下就能看到已经渲染完成的视频【渲染.avi】，如图12.5所示。

图 12.2

图 12.3

图 12.4

图 12.5

【重点】12.2.2 添加到渲染队列

要想渲染当前的文件，首先要激活【时间轴】面板，然后在菜单栏中执行【文件】/【导出】/【添加到渲染队列】命令或执行【合成】/【添加到渲染队列】命令，如图12.6和图12.7所示。

图 12.6   图 12.7

此时，可以在【时间轴】面板中弹出【渲染队列】面板，如图12.8所示。

图 12.8

- 当前渲染：显示当前渲染的相关信息。
- 已用总时间：显示当前渲染已经花费的时间。
- AME中的队列：将加入队列的渲染项目添加到 Adobe Media Encoder队列中。
- 停止：单击该按钮，可以停止渲染。
- 暂停：单击该按钮，可以暂停渲染。
- 渲染：单击该按钮，即可开始进行渲染，如图12.9所示。

图 12.9

- 渲染设置：单击 渲染设置 按钮，即可设置渲染的相关参数，如图12.10所示。

图 12.10

- 输出模块：单击 H.264 - 匹配渲染设置 - 15 Mbps 按钮，即可
  设置输出模块的相关参数，如图12.11所示。

图 12.11

- 日志：可设置【仅错误】【增加设置】【增加每帧信息】选项。
- 输出到：单击后面的蓝色文字 合成 1_2.avi 按钮，此时即可设置作品要输出的位置和文件名，如图12.12所示。

图 12.12

【重点】12.2.3　渲染设置

【渲染设置】主要用于设置渲染的【品质】【分辨率】、时间范围等，如图12.13所示。

图 12.13

1. 合成
- 品质：选择渲染的品质，包括【当前设置】【最佳】【草图】【线框】。
- 分辨率：设置渲染合成的分辨率，相对于原始合成大小。
- 大小：输出文件的分辨率。
- 磁盘缓存：确定渲染期间是否使用磁盘缓存，包括【只读】和【当前设置】两种方式。
- 代理使用：确定渲染时是否使用代理。
- 效果：【当前设置】（默认）使用【效果】开关的当前设置，【全部开启】渲染所有应用的效果，【全部关闭】不渲染任何效果。

- 独奏开关:【当前设置】(默认)将使用每个图层的独奏开关的当前设置。
- 引导层:【当前设置】渲染最顶层合成中的引导层。
- 颜色深度:【当前设置】(默认)使用项目位深度。

2. 时间采样

- 帧混合:设置【当前设置】【对选中图层打开】【对所有图层关闭】。
- 场渲染:确定用于渲染合成的场渲染技术。
- 运动模糊:【当前设置】将使用【运动模糊】图层开关和【启用运动模糊】合成开关的当前设置。
- 时间跨度:设置要渲染合成中的多少内容。
- 帧速率:设置渲染影片时使用的采样帧速率。
- 自定义:设置自定义时间范围,包括【开始】【结束】【持续时间】。

3. 选项

跳过现有文件(允许多机渲染):允许渲染一系列文件的一部分,而不在先前已渲染的帧上浪费时间。

{重点}12.2.4　输出模块

【输出模块】主要用于确定如何针对最终输出处理渲染的影片,包括【主要选项】和【色彩管理】选项卡。图12.14所示为【主要选项】选项卡,主要用于设置格式、调整大小、裁剪等参数。

图 12.14

- 格式:为输出文件或文件序列指定格式,如图12.15所示。

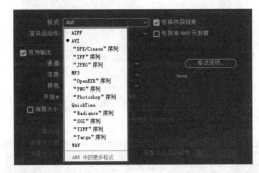

图 12.15

- 包括项目链接:指定是否在输出文件中包括链接到源 After Effects 项目的信息。
- 渲染后动作:指定 After Effects 在渲染合成之后要执行的动作。
- 包括源XMP元数据:指定是否在输出文件中包括用作渲染合成的源文件中的 XMP 元数据。
- 格式选项:打开一个对话框,可在其中指定格式特定的选项。
- 通道:输出影片中包含的输出通道。
- 深度:指定输出影片的颜色深度。
- 颜色:指定使用 Alpha 通道创建颜色的方式。
- 开始#:指定序列起始帧的编号。
- 调整大小:勾选该复选框,即可重新设置输出影片的大小。
- 裁剪:用于在输出影片的边缘减去或增加像素行或列。
- 自动音频输出:指定采样率、采样深度(8 位或 16 位)和播放格式(单声道或立体声)。其中8 位采样深度用于计算机播放,16 位采样深度用于 CD 和数字音频播放或用于支持 16 位播放的硬件。

　提示:有时发现缺少一些视频的格式,这是怎么回事?

如果发现在【渲染队列】中的输出格式很少,不是很全,如图12.16所示。

那么建议可以安装Adobe Media Encoder 2023软件,并使用Adobe Media Encoder设置格式,会发现格式非常多,如图12.17所示。

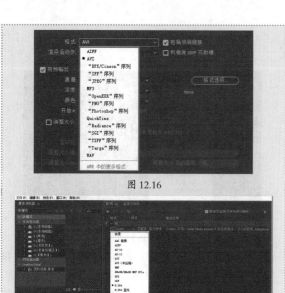

图 12.16

图 12.17

【色彩管理】选项卡主要用于设置配置文件的参数，如图 12.18 所示。

图 12.18

【重点】12.3 使用 Adobe Media Encoder 渲染和导出

12.3.1 什么是 Adobe Media Encoder

Adobe Media Encoder 是视频音频编码程序，可用

扫一扫，看视频

于渲染输出不同格式的作品。需要安装与 After Effects 2023 版本一致的 Adobe Media Encoder 2023，才可以打开并使用 Adobe Media Encoder。

Adobe Media Encoder 界面包括5大部分，分别是【媒体浏览器】【预设浏览器】【队列】【监视文件夹】【编码】，如图 12.19 所示。

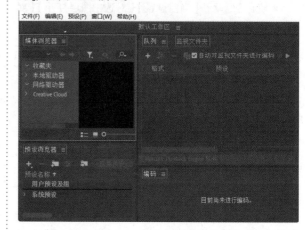

图 12.19

1. 媒体浏览器

使用【媒体浏览器】，可以在将媒体文件添加到队列之前预览这些文件，如图 12.20 所示。

图 12.20

2. 预设浏览器

【预设浏览器】提供各种选项，这些选项可以帮助简化 Adobe Media Encoder 中的工作流程，如图 12.21 所示。

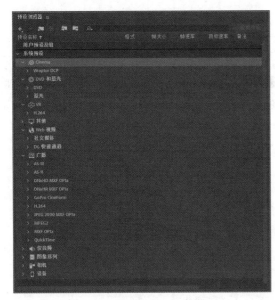

图 12.21

3. 队列

将想要编码的文件添加到【队列】面板中，可以将源视频或音频文件、Adobe Premiere Pro 序列和 Adobe After Effects 合成添加到要编码的项目队列中，如图 12.22 所示。

4. 监视文件夹

硬盘驱动器中的任何文件夹都可以被指定为【监视文件夹】。选择【监视文件夹】后，任何添加到该文件夹的文件都将使用所选预设进行编码，如图 12.23 所示。

图 12.22   图 12.23

5. 编码

【编码】面板提供有关每个编码项目状态的信息，如图 12.24 所示。

图 12.24

12.3.2 直接将合成添加到 Adobe Media Encoder

步骤 01 在 After Effects 中制作完成作品后，激活【时间轴】面板，然后在菜单栏中执行【合成】/【添加到 Adobe Media Encoder 队列】命令，或者在菜单栏中执行【文件】/【导出】/【添加到 Adobe Media Encoder 队列】命令，如图 12.25 和图 12.26 所示。

图 12.25   图 12.26

步骤 02 此时正在开启 Adobe Media Encoder，如图 12.27 所示。

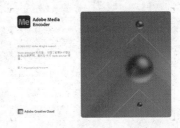

图 12.27

步骤 03 打开的 Adobe Media Encoder 界面如图 12.28 所示。

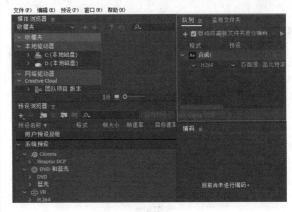

图 12.28

步骤 04 单击进入【队列】面板，单击 ✓ 按钮，设置合适的格式，然后设置保存文件的位置和名称，最后单击

右上角的 ■（启动队列）按钮，如图12.29所示。

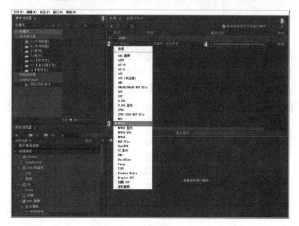

图 12.29

步骤 05 此时正在渲染，如图12.30所示。

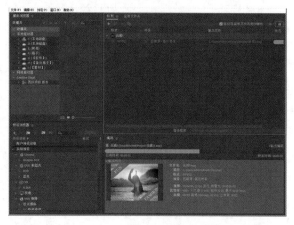

图 12.30

步骤 06 等待一段时间渲染完成，就可以在刚才设置的保存位置找到渲染完成的视频【合成1.mpg】，如图12.31所示。

合成1.mpg

图 12.31

12.3.3 从渲染队列中将合成添加到 Adobe Media Encoder

步骤 01 在After Effects中制作完成作品后，激活【时间轴】面板，然后在菜单栏中执行【合成】/【添加到渲染队列】命令，或者按快捷键Ctrl+ M，如图12.32所示。

图 12.32

步骤 02 在【渲染队列】面板中，单击【AME中的队列】按钮，如图12.33所示。

图 12.33

步骤 03 此时正在开启Adobe Media Encoder，如图12.27所示。

步骤 04 已经打开的Adobe Media Encoder界面如图12.34所示。

步骤 05 单击进入【队列】面板，单击 ■ 按钮，设置合适的格式，然后设置保存文件的位置和名称，最后单击右上角的 ■（启动队列）按钮，如图12.35所示。

步骤 06 此时正在渲染，如图12.36所示。

步骤 07 等待一段时间渲染完成，就可以在刚才设置的位置找到渲染完成的视频【合成1.mpg】，如图12.37所示。

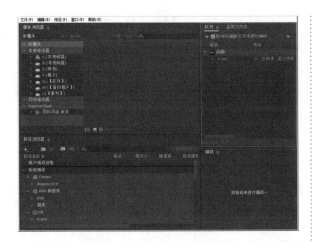

图 12.34

图 12.35

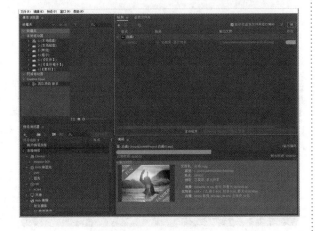

图 12.36

合成1.mpg

图 12.37

12.4 渲染常用的作品格式

实例12.1：渲染一张JPG格式的静帧图片

文件路径：第12章 渲染不同格式的作品→实例：渲染一张JPG格式的静帧图片

本实例学习渲染JPG单张图片。效果如图12.38所示。

扫一扫，看视频

图 12.38

步骤 01 打开本书配套文件02.aep，如图12.39所示。将时间线拖动到6秒10帧位置，如图12.40所示。

图 12.39

267

图 12.40

步骤 02 在当前位置执行【合成】/【帧另存为】/【文件】命令，如图12.41所示。此时，在界面下方自动跳转到【渲染队列】面板，如图12.42所示。

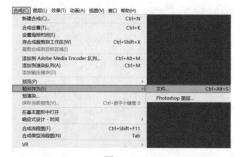

图 12.41

图 12.42

步骤 03 单击【输出模块】后的Photoshop，如图12.43所示。

图 12.43

步骤 04 在弹出的【输出模块设置】窗口中设置【格式】为【"JPEG"序列】，取消勾选【使用合成帧编号】复选框，单击【格式选项】按钮并在弹出的【JPEG选项】窗口中设置【品质】为10，如图12.44和图12.45所示。

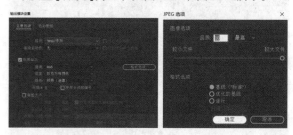

图 12.44　　　　　　　图 12.45

步骤 05 单击【输出到：】后面的文字，如图12.46所示。在弹出的【将帧输出到：】窗口中修改保存位置和文件名称，并单击【保存】按钮完成修改，如图12.47所示。

图 12.46

图 12.47

步骤 06 在【渲染队列】面板中单击【渲染】按钮，如图12.48所示。渲染完成后，在刚才设置的保存路径的文件夹中可以看到渲染出的图片，如图12.49所示。

图 12.48

图 12.49

实例 12.2：渲染AVI格式的视频

文件路径：第 12 章 渲染不同格式的作品→实例：渲染AVI格式的视频

扫一扫，看视频

本实例学习渲染AVI格式的视频。效果如图12.50所示。

图 12.50

步骤 01 打开本书配套文件03.aep，如图12.51所示。

图 12.51

步骤 02 在【时间轴】面板中，使用快捷键Ctrl+M打开【渲染队列】面板，如图12.52所示。

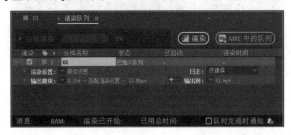

图 12.52

步骤 03 单击【输出模块】后的 H.264 – 匹配渲染设置 – 15 Mbps 按钮，如图12.53 所示。此时，会弹出一个【输出模块设置】窗口，在窗口中设置【格式】为AVI，如图12.54所示。

图 12.53

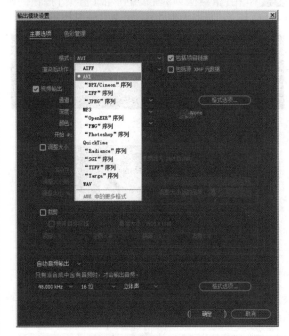

图 12.54

步骤 04 单击【输出到：】后面的01.avi，如图12.55所示。在弹出的【将影片输出到：】窗口中设置保存位置和文件名称，设置完成后单击【保存】按钮，如图12.56所示。

图 12.55

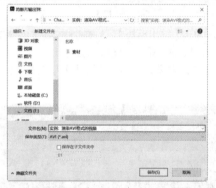

图 12.56

步骤 05 在【渲染队列】面板中单击【渲染】按钮，如图12.57所示。此时出现渲染进度条，如图12.58所示。

图 12.57

图 12.58

步骤 06 渲染完成后，在刚才设置的路径文件夹下即可看到渲染的视频【实例：渲染AVI格式的视频】，如图12.59所示。

图 12.59

实例12.3：渲染MOV格式的视频

扫一扫，看视频

文件路径：第12章 渲染不同格式的作品→实例：渲染MOV格式的视频

本实例学习渲染MOV格式的视频。效果如图12.60所示。

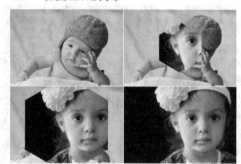

图 12.60

步骤 01 打开本书配套文件04.aep，如图12.61所示。

步骤 02 在【时间轴】面板中，使用快捷键Ctrl+M打开【渲染队列】面板，如图12.62所示。

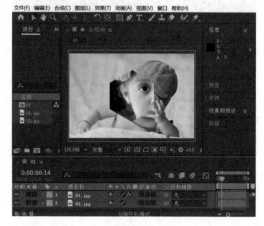

图 12.61

中文版After Effects 2023从入门到实战（全程视频版）（下册）

图 12.62

步骤 03 单击【输出模块】后方的
按钮，如图12.63 所示。此时，会弹出一个【输出模块
设置】窗口，在窗口中设置【格式】为QuickTime，如
图12.64 所示。

图 12.63

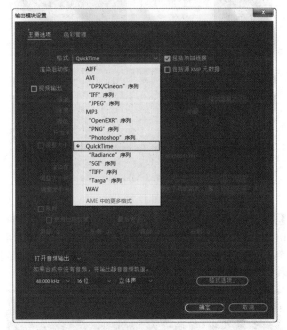

图 12.64

步骤 04 修改视频的名称，单击【输出到：】后面的
01.mov，如图12.65 所示。然后在弹出的【将影片输出
到：】窗口中修改保存路径和文件名称，并单击【保存】
按钮完成修改，如图12.66 所示。

图 12.65

图 12.66

步骤 05 在【渲染队列】面板中单击【渲染】按钮，如
图12.67 所示。渲染完成后，在刚才设置的路径文件夹
下就能看到渲染出的视频【实例：渲染MOV格式的视
频】，如图12.68 所示。

图 12.67

图 12.68

实例12.4：渲染WAV格式的音频

文件路径：第12章 渲染不同格式的作品→实例：渲染WAV格式的音频

本实例学习渲染WAV格式的音频。效果如图12.69所示。

图 12.69

步骤 01 打开本书配套文件05.aep，如图12.70所示。

步骤 02 在【时间轴】面板中，使用快捷键Ctrl+M打开【渲染队列】面板，如图12.71所示。

图 12.70

图 12.71

步骤 03 单击【输出模块】后方的 H.264 — 匹配渲染设置 — 15 Mbps

按钮，如图12.72所示。此时，会弹出一个【输出模块设置】窗口，在窗口中设置【格式】为WAV，如图12.73所示。

图 12.72

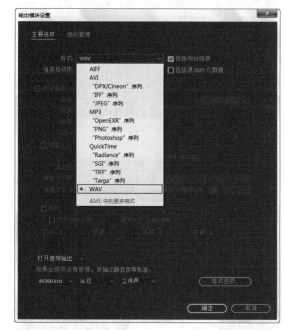

图 12.73

步骤 04 修改视频的名称。单击【输出到：】后面的01.wav，如图12.74所示。然后在弹出的【将影片输出到：】窗口中修改保存路径和文件名称，并单击【保存】按钮完成修改，如图12.75所示。

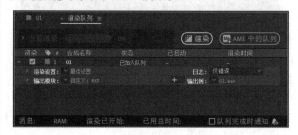

图 12.74

图 12.75

步骤 05 在【渲染队列】面板中单击【渲染】按钮，如图 12.76 所示。渲染完成后，在刚才设置的路径文件夹下就能看到渲染出的音频【实例：渲染WAV格式的音频】，如图 12.77 所示。

图 12.76

图 12.77

实例 12.5：渲染手机尺寸

文件路径：第12章 渲染不同格式的作品→实例：渲染手机尺寸

本实例学习如何渲染手机尺寸，效果如图 12.78 所示。

扫一扫，看视频

步骤 01 在【项目】面板中右击，选择【新建合成】命令，在弹出的【合成设置】窗口中设置【合成名称】为【合成 1】，【预设】为【自定义】，【宽度】为414，【高度】为736，【像素

长宽比】为【方形像素】，【帧速率】为24，【分辨率】为【完整】，【持续时间】为2秒。执行【文件】/【导入】/【文件】命令，在弹出的【导入文件】窗口中选择1.jpg素材文件，选择完毕后单击【导入】按钮进行导入素材，如图12.79 所示。

图 12.78　　　　　　　图 12.79

步骤 02 在【项目】面板中将1.jpg素材文件拖曳到【时间轴】面板中，如图 12.80 所示。

图 12.80

步骤 03 在【时间轴】面板中单击打开1.jpg图层下方的【变换】，设置【位置】为(207.0,380.0)，【缩放】为(120.0,120.0%)，如图12.81所示。此时，画面效果如图12.82 所示。

图 12.81　　　　　　　图 12.82

步骤 04 选择1.jpg图层，使用快捷键Ctrl+D复制图层，打开复制的1.jpg图层，更改【缩放】为(195.0,195.0%)，

如图12.83所示。接着将1.jpg图层（图层1）拖曳到最下方，如图12.84所示。

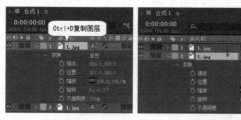

图12.83 　　　　图12.84

步骤 05 在【效果和预设】面板搜索框中搜索【高斯模糊】，将该效果拖曳到【时间轴】面板的1.jpg图层（图层2）上，如图12.85所示。

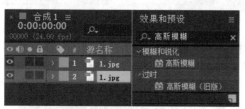

图12.85

步骤 06 在【时间轴】面板中单击打开1.jpg图层（图层2）下方的【效果】/【高斯模糊】，设置【模糊度】为70.0，【重复边缘像素】为【开】，如图12.86所示。此时，画面效果如图12.87所示。

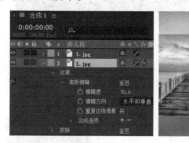

图12.86 　　　　图12.87

步骤 07 进行视频输出。在【时间轴】面板中使用快捷键Ctrl+M打开【渲染队列】面板。单击【输出模块】后方的 H.264 - 匹配渲染设置 - 15 Mbps 按钮，此时，会弹出一个【输出模块设置】窗口，在窗口中设置【格式】为AVI，设置完成后单击【确定】按钮，如图12.88所示。接着单击【渲染设置】后方的【最佳设置】按钮，设置【分辨率】为【四分之一】，此时渲染出的视频相对较小，如图12.89所示。

步骤 08 修改输出视频的名称及保存的位置。单击【输出到：】后面的【合成1.avi】，在弹出的【将影片输出

到：】窗口中修改保存路径和文件名称，如图12.90所示。在【渲染队列】面板中单击【渲染】按钮，如图12.91所示。

图12.88 　　　　图12.89

图12.90

图12.91

步骤 09 此时，出现蓝色进度条，开始进行渲染，如图12.92所示。等待几分钟后，渲染完成，在刚才设置的路径文件夹下方即可看到渲染完成的视频【渲染手机尺寸】，如图12.93所示。

图12.92

图 12.93

实例 12.6: 渲染序列图片

文件路径: 第 12 章 渲染不同格式的作品→实例: 渲染序列图片

本实例学习渲染序列图片, 效果如图 12.94 所示。

扫一扫, 看视频

图 12.94

步骤 01 打开本书配套文件 06.aep, 如图 12.95 所示。此时, 拖动时间线可以查看文件的动画效果, 如图 12.96 所示。

步骤 02 在【时间轴】面板中, 使用快捷键 Ctrl+M 打开【渲染队列】面板, 如图 12.97 所示。

图 12.95

图 12.96

图 12.97

步骤 03 单击【输出模块】后方的 按钮, 如图 12.98 所示。此时, 会弹出一个【输出模块设置】窗口, 在窗口中设置【格式】为【"Targa"序列】, 如图 12.99 所示。

图 12.98

图 12.99

步骤 04 修改视频的名称。单击【输出到:】后面的【01\01_[#####].tga】, 如图 12.100 所示。然后在弹出的【将影片输出到:】窗口中设置合适的文件名称, 在窗口下方勾选【保存在子文件夹中】复选框并设置子文件夹的名称为01，设置完成后单击【保存】按钮完成修改，如图12.101所示（**注意**：因为序列图片数量很多，所以勾选【保存在子文件夹中】复选框，便于对序列图片的管理）。

图 12.100

图 12.101

步骤 05 此时，单击【渲染队列】面板右上方的【渲染】按钮，如图12.102所示。

步骤 06 此时，在路径文件夹01中即可查看已输出的序列，如图12.103所示。

图 12.102

图 12.103

实例12.7：渲染小尺寸的视频

扫一扫，看视频

文件路径：第12章 渲染不同格式的作品→实例：渲染小尺寸的视频

本实例学习渲染小尺寸的视频，效果如图12.104所示。

图 12.104

步骤 01 打开本书配套文件07.aep，如图12.105所示。此时，拖动时间线查看动画效果，如图12.106所示。

图 12.105

图 12.106

步骤 02 在【时间轴】面板中，使用快捷键Ctrl+M打开【渲染队列】面板，接着单击【渲染设置】后方的【最佳设置】按钮，如图12.107所示。在弹出的【渲染设置】窗口中设置【分辨率】为【三分之一】，如图12.108所示。

图 12.107

图 12.108

步骤 03 单击【输出模块】后方的 H.264 - 匹配渲染设置 - 15 Mbps 按钮，如图12.109所示。在弹出的【输出模块设置】窗口中设置【格式】为AVI，如图12.110所示。

图 12.109

图 12.110

步骤 04 修改视频的名称和保存路径。单击【输出到：】后面的01.avi，如图12.111所示。然后在弹出的【将影片输出到：】窗口中修改保存路径和文件名称，并单击【保存】按钮完成修改，如图12.112所示。

图 12.111

图 12.112

步骤 05 单击【渲染队列】面板右上方的【渲染】按钮，如图12.113所示。渲染完成后，在刚才设置的路径文件夹下就能看到渲染出的视频【实例：渲染小尺寸的视频】，如图12.114所示。

图 12.113

图 12.114

步骤 06 双击该视频，会看到视频的尺寸变得非常小，如图12.115所示。

图 12.115

实例12.8：渲染PSD格式文件

扫一扫，看视频

文件路径：第12章 渲染不同格式的作品→实例：渲染PSD格式文件

本实例学习渲染PSD格式的文件，效果如图12.116所示。

图 12.116

步骤 01 打开本书配套文件08.aep，如图12.117所示。此时，拖动时间线查看动画效果，如图12.118所示。

图 12.117

图 12.118

步骤 02 执行【合成】/【帧另存为】/【文件】命令，如图12.119所示。此时，打开【渲染队列】面板，如图12.120所示。

图 12.119

图 12.120

步骤 03 单击【输出模块】后方的文字，在弹出的【输出模块设置】窗口中设置【格式】为【"Photoshop"序列】，取消勾选【使用合成帧编号】复选框，如图12.121所示。接着在【渲染队列】面板中单击【输出到：】后方的【01（0.00.00.00）.psd】，在弹出的【将影片输出到：】窗口中设置保存位置和文件名称，设置完成后单击【保存】按钮，如图12.122所示。

图 12.121

中文版After Effects 2023从入门到实战（全程视频版）（下册）

图 12.122

步骤 04 单击【渲染队列】面板右上方的【渲染】按钮，如图12.123所示。

步骤 05 渲染完成后，在刚才设置的路径文件夹下就能看到渲染出的文件【实例：渲染PSD格式文件】，如图12.124所示。

图 12.123

图 12.124

实例12.9：设置渲染自定义时间范围

文件路径：第12章 渲染不同格式的作品→实例：设置渲染自定义时间范围

本实例学习设置渲染自定义时间范围，效果如图12.125所示。

扫一扫，看视频

图 12.125

步骤 01 打开本书配套文件09.aep，如图12.126所示。在【时间轴】面板中，使用快捷键Ctrl+M打开【渲染队列】面板，在【渲染队列】面板中单击【渲染设置】后的【最佳设置】按钮，如图12.127所示。

图 12.126

图 12.127

步骤 02 在弹出的【渲染设置】窗口中单击【自定义】按钮，如图12.128所示。接着设置【起始】时间为第0帧，【结束】时间为2秒，如图12.129所示。

图 12.128　图 12.129

步骤 03 单击【输出到：】后面的01.mp4，如图12.130所示。在弹出的【将影片输出到：】窗口中设置合适的文件名称和保存路径，设置完成后单击【保存】按钮，如图12.131所示。

图 12.130

图 12.131

步骤 04 此时，单击【渲染队列】面板右上方的【渲染】按钮，如图12.132所示。

步骤 05 渲染完成后，在刚才设置的路径文件夹下就能看到渲染出的视频【实例：设置渲染自定义时间范围】，如图12.133所示。

图 12.132

图 12.133

实例 12.10：在Adobe Media Encoder中渲染质量好的小视频

扫一扫，看视频

文件路径：第12章 渲染不同格式的作品→实例：在Adobe Media Encoder中渲染质量好的小视频

渲染一个质量好又小的视频是很多读者朋友非常需要的，因为通常使用After Effects渲染出的视频都较大，本实例讲解一种既能保证渲染的视频质量比较好，又能保证文件较小的方法。效果如图12.134所示。

图 12.134

步骤 01 打开本书配套文件10.aep，如图12.135所示。此时，拖动时间线查看文件的动画效果，如图12.136所示。

图 12.135

图 12.136

中文版After Effects 2023从入门到实战（全程视频版）（下册）

步骤 02 激活【时间轴】面板，执行【合成】/【添加到Adobe Media Encoder队列】命令，如图12.137所示。由于计算机中安装了软件Adobe Media Encoder 2023，所以可以成功开启，此时正在开启该软件，如图12.138所示。

图 12.137　　　　　图 12.138

步骤 03 单击进入【队列】面板，单击∨按钮，选择H.264，然后设置保存文件的位置和名称，如图12.139所示。

步骤 04 单击H.264，如图12.140所示。

图 12.139

图 12.140

步骤 05 在弹出的【导出设置】面板中单击【视频】，设置【目标比特率［Mbps］】为5，【最大比特率［Mbps］】为5，如图12.141所示。

步骤 06 单击右上角的▮（启动队列）按钮，如图12.142所示。

图 12.141

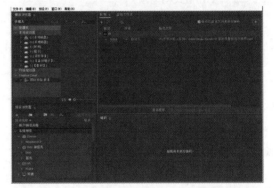

图 12.142

步骤 07 等待渲染完成后，在刚才设置的路径文件夹中可以找到渲染出的视频【实例：在Adobe Media Encoder中渲染质量好的小视频】，如图12.143所示。并且可以看到这个文件大小为3555KB，是非常小的，但是画面清晰度还是不错的。若需要更小的视频文件，那么可以将刚才的【目标比特率】和【最大比特率】数值再调小一些。

图 12.143

中文版After Effects 2023从入门到实战（全程视频版）（下册）

> **提示**：除了修改比特率的方法外，还有什么方法可以让视频变小？
>
> 　　有时，我们需要渲染特定格式的视频，但是这些格式在After Effects渲染完成后文件依然很大。那该怎么办？建议可以下载并安装一些视频转换软件（可百度"视频转换软件"，选择一两款下载安装），这些软件可以快速地将较大的文件转为较小的文件，而且还可以更改格式，更改为我们需要的其他格式。

实例12.11：在Adobe Media Encoder中渲染GIF格式小动画

扫一扫，看视频

　　文件路径：第12章　渲染不同格式的作品→实例：在Adobe Media Encoder中渲染GIF格式小动画

　　本实例学习在Adobe Media Encoder中渲染GIF格式小动画。效果如图12.144所示。

图12.144

步骤01 打开本书配套文件11.aep，如图12.145所示。此时，拖动时间线查看文件的动画效果，如图12.146所示。

步骤02 激活【时间轴】面板，在菜单栏中执行【合成】/【添加到Adobe Media Encoder队列】命令，如图12.147所示。由于计算机中安装了软件Adobe Media Encoder 2023，所以可以成功开启，此时正在开启该软件。

图12.145

图12.146

图12.147

步骤03 单击进入【队列】面板，单击 ∨ 按钮，选择【动画GIF】，然后设置保存文件的位置和名称，最后单击右上角的 ■（启动队列）按钮，如图12.148所示。

图12.148

步骤04 此时，正在渲染，如图12.149所示。

图12.149

步骤 05 等待一段时间，在刚才设置的路径文件夹中可以看到渲染的.gif格式的动画文件，如图12.150所示。

步骤 06 双击该文件，即可看到出现了动画效果，如图12.151所示。

图 12.150

图 12.151

实例12.12：在Adobe Media Encoder中渲染MPG格式视频

文件路径：第12章 渲染不同格式的作品→实例：在Adobe Media Encoder中渲染MPG格式视频

本实例学习在Adobe Media Encoder中渲染MPG格式视频，效果如图12.152所示。

扫一扫，看视频

图 12.152

步骤 01 打开本书配套文件12.aep，如图12.153所示。

步骤 02 拖动时间线可以查看案例制作效果，如图12.154所示。

图 12.153

图 12.154

步骤 03 为视频输出预设。在菜单栏中执行【合成】/【添加到Adobe Media Encoder队列】命令，如图12.155所示。

步骤 04 此时，正在开启Adobe Media Encoder软件，如图12.138所示。

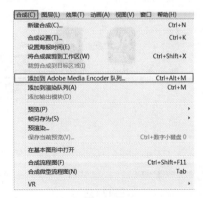

图 12.155

步骤 (05) 单击进入【队列】面板，单击 ∨ 按钮，选择MPEG2，然后设置保存文件的位置和名称，最后单击右上角的 ▓ （启动队列）按钮，如图12.156所示。

步骤 (06) 此时，正在渲染，如图12.157所示。

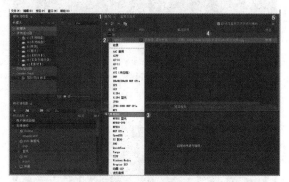

图 12.156

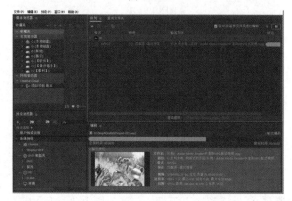

图 12.157

步骤 (07) 等待一段时间，在刚才设置的路径文件夹中可以看到渲染的.mpg格式的动画文件，如图12.158所示。

图 12.158

实例 12.13：渲染常见尺寸电影

扫一扫，看视频

文件路径：第12章 渲染不同格式的作品→实例：渲染常见尺寸电影

我们观看的大多数电影通常的分辨率达到1920×1080，可使画面呈现出强烈的震撼感和画面特有的质感。效果如图12.159所示。

图 12.159

步骤 (01) 在【项目】面板中右击，选择【新建合成】命令，在弹出的【合成设置】窗口中设置【合成名称】为【合成1】，【预设】为【HDTV 1080 25】，【宽度】为1920，【高度】为1080，【像素长宽比】为【方形像素】，【帧速率】为25，【分辨率】为【完整】，【持续时间】为20秒。执行【文件】/【导入】/【文件】命令，导入1.mp4素材文件。在【项目】面板中将1.mp4素材文件拖曳到【时间轴】面板中，如图12.160所示。

步骤 (02) 在【时间轴】面板中单击打开1.mp4图层下方的【变换】，设置【缩放】为（205.0,205.0%），如图12.161所示。此时，画面被放大，效果如图12.162所示。

图 12.160

图 12.161

图 12.162

步骤 (03) 调整画面颜色。在【效果和预设】面板中搜索

【自然饱和度】效果，将该效果拖曳到【时间轴】面板的1.mp4图层上，如图12.163所示。

图 12.163

步骤 04 在【时间轴】面板中单击打开1.mp4图层下方的【效果】/【自然饱和度】，设置【自然饱和度】为50.0，【饱和度】为30.0，如图12.164所示。此时，画面颜色更加鲜艳，如图12.165所示。

图 12.164　　　　　图 12.165

步骤 05 进行视频输出。在【时间轴】面板中使用快捷键Ctrl+M打开【渲染队列】面板，如图12.166所示。单击【输出模块】后方的 H.264 — 匹配渲染设置 — 15 Mbps 按钮，此时，会弹出一个【输出模块设置】窗口，在窗口中设置【格式】为AVI，设置完成后单击【确定】按钮，如图12.167所示。

图 12.166

图 12.167

步骤 06 修改输出视频的名称及保存的位置。单击【输出到：】后面的【01.avi】，在弹出的【将影片输出到：】窗口中修改保存路径和文件名称，如图12.168所示。在【渲染队列】面板中单击【渲染】按钮，如图12.169所示。

图 12.168

图 12.169

步骤 07 此时，出现蓝色进度条，开始进行渲染，如图12.170所示。等待几分钟后，渲染完成，在刚才设置的路径文件夹下方即可看到渲染完成的视频【渲染常见尺寸电影】，如图12.171所示。

图 12.170

图 12.171

实例12.14: 输出常见的电视播放尺寸

扫一扫，看视频

文件路径：第12章 渲染不同格式的作品→实例：输出常见的电视播放尺寸

最常见的电视播放尺寸分别为720×576和1920×1080，本实例以720×576为例进行视频输出。效果如图12.172所示。

图12.172

步骤 01 在【项目】面板中右击，选择【新建合成】命令，在弹出的【合成设置】窗口中设置【合成名称】为【合成1】，【预设】为【PAL D1/DV】，【宽度】为720，【高度】为576，【像素长宽比】为【D1/DV PAL（1.09）】，【帧速率】为25，【分辨率】为【完整】，【持续时间】为22秒15帧。执行【文件】/【导入】/【文件】命令，在弹出的【导入文件】窗口中选择全部素材文件。在【项目】面板中依次将1.mp4、2.mp4、3.mp4及4.mp4素材文件拖曳到【时间轴】面板中，如图12.173所示。在【时间轴】面板中单击这4个图层的 （音频）按钮，将视频静音，然后分别设置2.mp4的起始时间为7秒，3.mp4的起始时间为11秒，4.mp4的起始时间为17秒，如图12.174所示。

图12.173　　　　　　　图12.174

步骤 02 调整画面大小。在【时间轴】面板中使用快捷键S快速调出所有图层的【缩放】属性，设置【缩放】均为（110.0，110.0%），如图12.175所示。此时，画面效果如图12.176所示。

图12.175　　　　　　　图12.176

步骤 03 在【效果和预设】面板中搜索CC Grid Wipe效果，并将该效果拖曳到【时间轴】面板的2.mp4图层上，如图12.177所示。

图12.177

步骤 04 在【时间轴】面板中单击打开2.mp4图层下方的【效果】/CC Grid Wipe，将时间线拖动到7秒位置，设置Completion为100.0%；将时间线拖动到7秒18帧位置，设置Completion为0.0%，如图12.178所示。此时，画面效果如图12.179所示。

图12.178　　　　　　　图12.179

步骤 05 在【效果和预设】面板中搜索CC Image Wipe效果，将该效果拖曳到【时间轴】面板的3.mp4图层上，如图12.180所示。

图12.180

步骤 06 在【时间轴】面板中单击打开3.mp4图层下方的【效果】/CC Image Wipe，将时间线拖动到11秒位置，设置Completion为100.0%；将时间线拖动到13秒位置，设置Completion为0.0%，如图12.181所示。此时，画面效果如图12.182所示。

图 12.181　　　　　　　　　图 12.182

步骤 07 使用同样的方法为4.mp4图层添加CC Image Wipe效果，调整参数制作出关键帧效果。画面效果如图12.183所示。

图 12.183

步骤 08 在【时间轴】面板的空白位置处右击，执行【新建】/【调整图层】命令，如图12.184所示。

步骤 09 在【效果和预设】面板中搜索【曲线】，将该效果拖曳到【时间轴】面板的【调整图层1】上，如图12.185所示。

图 12.184　　　　　　　　　图 12.185

步骤 10 在【时间轴】面板中选择【调整图层1】，在【效果控件】面板中单击打开【曲线】，在RGB通道下的曲线上单击添加两个控制点并适当向左上角拖动，如图12.186所示。此时，画面整体提亮，如图12.187所示。

图 12.186　　　　　　　　　图 12.187

步骤 11 在【时间轴】面板中，使用快捷键Ctrl+M打开【渲染队列】面板，如图12.188所示。

图 12.188

步骤 12 单击【输出模块】后方的H.264 - 匹配渲染设置 - 15 Mbps按钮，如图12.189所示。此时，会弹出一个【输出模块设置】窗口，在窗口中设置【格式】为AVI，设置完成后单击【确定】按钮，如图12.190所示。

图 12.189

图 12.190

步骤 13 修改输出视频的名称。单击【输出到:】后面的【合成1.avi】，如图12.191所示。然后在弹出的【将影片输出到:】窗口中修改保存路径和文件名称，如图12.192所示。

图 12.191

图 12.192

步骤 14 在【渲染队列】面板中单击【渲染】按钮，如图 12.193 所示。等待几分钟后，渲染完成，在刚才设置的路径文件夹下即可看到渲染出的视频【输出常见的电视播放尺寸】，如图 12.194 所示。

图 12.193

图 12.194

实例 12.15：输出淘宝主图视频尺寸

扫一扫，看视频

文件路径：第 12 章 渲染不同格式的作品→实例：输出淘宝主图视频尺寸

淘宝主图尺寸为 1:1 或 3:4，本实例主要针对淘宝主图视频尺寸进行输出。效果如图 12.195 所示。

步骤 01 在【项目】面板中右击，选择【新建合成】命令，在弹出的【合成设置】窗口中设置【合成名称】为【合成 1】，【预设】为【自定义】，【宽度】为 750，【高度】为 1000，【像素长宽比】为【方形像素】，【帧速率】为 25，【分辨率】为【完整】，【持续时间】为 15 秒。执行【文件】/【导入】/【文件】命令，导入 1.MOV 素材文件。在【项目】面板中将 1.MOV 素材文件拖曳到【时间轴】面板中，如图 12.196 所示。下面调整画

面大小。在【时间轴】面板中单击打开 1.MOV 图层下方的【变换】，设置【缩放】为 (93.0,93.0%)，如图 12.197 所示。

图 12.195

图 12.196　　　　　　　　图 12.197

步骤 02 在【效果和预设】面板中搜索【曲线】，将该效果拖曳到【时间轴】面板的 1.MOV 图层上，如图 12.198 所示。

图 12.198

步骤 03 在【时间轴】面板中选择 1.MOV 图层，在【效果控件】面板中单击打开【曲线】，在曲线上单击添加两个控制点并向左上角拖动，提亮画面亮度，如图 12.199 所示。此时，画面效果如图 12.200 所示。

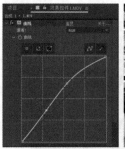

图 12.199　　　　　　　　图 12.200

步骤 04 进行视频输出。在【时间轴】面板中使用快捷

中文版 After Effects 2023 从入门到实战（全程视频版）（下册）

键Ctrl+M打开【渲染队列】面板，如图12.201所示。单击【输出模块】后方的 H.264 - 匹配渲染设置 - 15 Mbps 按钮，此时，会弹出一个【输出模块设置】窗口，在窗口中设置【格式】为AVI，设置完成后单击【确定】按钮，如图12.202所示。

图 12.201

图 12.202

步骤 05 修改输出视频的名称及保存的位置。单击【输出到：】后面的【合成1.avi】，在弹出的【将影片输出到：】窗口中修改保存路径和文件名称，如图12.203所示。在【渲染队列】面板中单击【渲染】按钮，如图12.204所示。

图 12.203

图 12.204

步骤 06 此时，出现蓝色进度条，开始进行渲染，如图12.205所示。等待几分钟后，渲染完成，在刚才设置的路径文件夹下方即可看到渲染完成的视频【输出淘宝主图视频尺寸】，如图12.206所示。

图 12.205

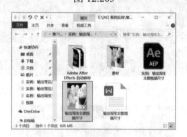

图 12.206

实例12.16：输出抖音短视频

文件路径：第12章 渲染不同格式的作品→实例：输出抖音短视频

扫一扫，看视频

抖音短视频尺寸通常为竖屏的16：9，这种满屏的画面状态通常给人更直观、更饱满的视觉感。效果如图12.207所示。

图 12.207

步骤 01 在【项目】面板中右击，选择【新建合成】命令，在弹出的【合成设置】窗口中设置【合成名称】为【合成1】，【预设】为【自定义】，【宽度】为1080，【高度】为

1920，【像素长宽比】为【方形像素】，【帧速率】为25，【分辨率】为【完整】，【持续时间】为12秒。执行【文件】/【导入】/【文件】命令，导入1.mp4素材文件。在【项目】面板中将1.mp4素材文件拖曳到【时间轴】面板中，如图12.208所示。

步骤02 调整画面大小。在【时间轴】面板中单击打开1.mp4图层下方的【变换】，设置【缩放】为（55.0，55.0%），如图12.209所示。此时，画面效果如图12.210所示。

图 12.208　　　　　图 12.209

图 12.210

步骤03 进行视频输出。在【时间轴】面板中使用快捷键Ctrl+M打开【渲染队列】面板，如图12.211所示。单击【渲染设置】后方的【最佳设置】按钮，在弹出的【渲染设置】窗口中设置【分辨率】为【三分之一】，将输出体积缩小，如图12.212所示。

图 12.211

图 12.212

步骤04 单击【输出模块】后方的 H.264 - 匹配渲染设置 - 15 Mbps 按钮，此时，会弹出一个【输出模块设置】窗口，在窗口中设置【格式】为QuickTime，设置完成后单击【确定】按钮，如图12.213所示。

图 12.213

步骤05 修改输出视频的名称及保存的位置。单击【输出到：】后面的文字，在弹出的【将影片输出到：】窗口中修改保存路径和文件名称，如图12.214所示。在【渲染队列】面板中单击【渲染】按钮，如图12.215所示。

图 12.214

中文版After Effects 2023从入门到实战（全程视频版）（下册）

图 12.215

图 12.217

步骤 06 此时，出现蓝色进度条，开始进行渲染，如图 12.216 所示。等待几分钟后，渲染完成，在刚才设置的路径文件夹下方即可看到渲染完成的视频【输出抖音短视频】，如图 12.217 所示。

图 12.216

Chapter 13
第13章

扫一扫，看视频

跟踪与稳定

本章内容简介：

　　本章重点讲解跟踪与稳定的概念、【跟踪器】面板的使用。通过对该面板的使用，可以熟练地对素材执行跟踪与稳定效果。学习本章内容后，可以制作较为复杂的视频跟踪合成、视频晃动变稳定等效果。

重点知识掌握：

- 跟踪与稳定参数解释
- 跟踪与稳定类案例制作方法

优秀佳作欣赏：

13.1 初识跟踪与稳定

【跟踪】和【稳定】是After Effects中比较复杂的功能，使用频率不太高，但是需要了解。有时在处理视频时会遇到需要进行跟踪或稳定的操作，需注意跟踪和稳定也不是万能的，跟踪和稳定的完成效果与视频素材的拍摄精度及拍摄情况有重要关联。

13.1.1 什么是跟踪

在After Effects中，【跟踪】即跟随，是一个对象跟随另一个运动的对象，因此也就完成了运动替换。

13.1.2 什么是稳定

在拍摄视频时，有时设备的抖动导致视频素材非常晃动，这种素材是无法直接使用的，需要进行【稳定】处理。在After Effects中进行自动分析处理，完成对画面晃动的反作用补偿，从而实现画面稳定。

13.1.3 举例说明：跟踪与稳定可以做什么

跟踪：

（1）将动态视频素材添加到移动的广告牌上。

（2）将静止的图片素材添加到摆动的画框中。

（3）将素材或文字，跟踪视频中的某个元素，实现运动跟踪。

稳定：稳定素材用于去除手持摄像机产生的摇晃（摄像头摇动）。

重点 13.2 【跟踪器】面板

【跟踪】【稳定】等操作都需要在【跟踪器】面板中进行。在菜单栏中执行【窗口】/【跟踪器】命令，如图13.1所示。打开的【跟踪器】面板参数如图13.2所示。

扫一扫，看视频

- 跟踪摄像机：单击该按钮，即可开始使用【跟踪摄像机】操作。
- 变形稳定器：单击该按钮，即可开始使用【变形稳定器】操作。
- 跟踪运动：单击该按钮，即可开始使用【跟踪运动】操作。
- 稳定运动：单击该按钮，即可开始使用【稳定运动】操作。

图 13.1　　　　　　　　　图 13.2

- 运动源：设置图层作为运动源。
- 当前跟踪：显示当前跟踪的图层。
- 跟踪类型：设置跟踪类型。
- 位置/旋转/缩放：控制在跟踪时是否启用【位置/旋转/缩放】属性。
- 运动目标：显示运动目标的图层名称。
- 编辑目标：单击该按钮，可用于设置【将运动应用于】参数。
- 选项：单击该按钮，可用于设置【动态跟踪器选项】相关参数。
- 分析：可单击按钮 ◄| ◄ ► |►，用于向前分析1帧、向前分析、向后分析、向后分析1帧。
- 重置：单击该按钮，可将已经计算的效果重置。
- 应用：计算完成后，单击该按钮即可完成。

13.3 跟踪运动

【跟踪运动】可以将素材跟踪合成到运动的素材中，从而进行替换。选择时间轴中的素材，并单击【跟踪运动】按钮，即可使用相关参数，如图13.3所示。

图 13.3

实例13.1：跟踪替换手机显示内容

扫一扫，看视频

文件路径：第13章 跟踪与稳定→实例：跟踪替换手机显示内容

本实例主要学习使用【跟踪运动】，将素材替换到手机屏幕上，并为素材添加Keylight（1.2）效果抠除背景，完成最终合成效果，如图13.4所示。

（a）　　　　　　　（b）

图13.4

步骤 01 在【项目】面板中右击，选择【新建合成】命令，在弹出的【合成设置】窗口中设置【合成名称】为01，【预设】为HDTV 1080 24，【宽度】为1920，【高度】为1080，【像素长宽比】为【方形像素】，【帧速率】为24，【分辨率】为【完整】，【持续时间】为5秒。执行【文件】/【导入】/【文件】命令，在弹出的【导入文件】窗口中导入素材01.mpeg和02.mpeg，如图13.5所示。

步骤 02 将【项目】面板中的素材01.mpeg和02.mpeg拖动到【时间轴】面板中，将01.mpeg放置在上层位置，如图13.6所示。

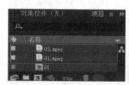

图13.5　　　　　　　图13.6

步骤 03 在菜单栏中执行【窗口】/【跟踪器】命令，如图13.7所示。

步骤 04 此时，在界面中出现了【跟踪器】面板，如图13.8所示。

图13.7　　　　　　　图13.8

步骤 05 选中【时间轴】面板中的素材01.mpeg，然后单击【跟踪运动】按钮，如图13.9所示。

步骤 06 此时，设置【跟踪类型】为【透视边角定位】，并且出现了4个跟踪点，如图13.10所示。

图13.9　　　　　　　图13.10

步骤 07 此时，将时间线拖动到0帧位置，将跟踪点1、跟踪点2、跟踪点3、跟踪点4对位到手机屏幕的左上、右上、左下、右下位置。然后单击 ▶（向前分析）按钮，分析完成后单击【应用】按钮，如图13.11所示。

步骤 08 应用完成后，此时素材01.mpeg和02.mpeg的属性上出现了大量的关键帧，如图13.12所示。

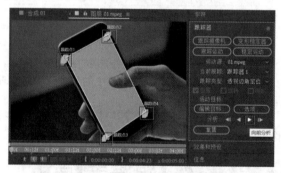

图13.11

图13.12

需要注意的是，将画面中颜色对比越明显的位置作为跟踪点，在跟踪运动时跟踪就越准确。若跟踪点的位置附近的颜色对比较弱，就很容易在跟踪时出现跟踪错误、跟踪偏移等各种问题。

除此之外，在设置跟踪点位置时，需要将鼠标移动到每一个跟踪点的中间位置，并拖动鼠标左键将该点移动到需要的位置，如图13.13所示。

图13.13

若将鼠标移动到了跟踪点的外框附近，拖动鼠标左键时，只能将跟踪点的外框变大，如图13.14所示。

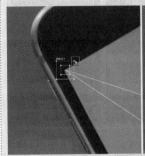 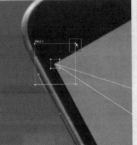

图13.14

步骤 09 为素材01.mpeg添加Keylight (1.2)效果，单击 ➡ (吸管工具)按钮并在屏幕的绿色位置单击，如图13.15所示。

图13.15

步骤 10 此时，绿色屏幕被抠除后，出现了被替换的效果，如图13.16所示。

图13.16

步骤 11 若制作完成后，发现跟踪替换的素材有轻微的晃动，这说明我们拍摄的该素材的清晰度可能不够，若拍摄的质量很高，则晃动的效果就很弱，如图13.17所示。

图13.17

实例13.2：字幕跟着蜗牛走

文件路径：第13章 跟踪与稳定→实例：字幕跟着蜗牛走

本实例主要学习使用【跟踪运动】，将文字跟踪在蜗牛的顶部位置，从而制作出文字跟踪蜗牛慢慢爬行的效果，最终效果如图13.18所示。

扫一扫，看视频

图13.18

步骤 01 在【项目】面板中右击，选择【新建合成】命令，在弹出的【合成设置】窗口中设置【合成名称】为01，【预设】为HDV/HDTV 720 25，【宽度】为1280，【高度】为720，【像素长宽比】为【方形像素】，【帧速率】为25，【分辨率】为【完整】，【持续时间】为29秒07帧。执行【文件】/【导入】/【文件】命令，在弹出的【导入文件】窗口中导入素材01.mp4，如图13.19所示。

步骤 02 将【项目】面板中的素材01.mp4拖动到【时间轴】面板中，如图13.20所示。

图 13.19　　　　　　　　图 13.20

步骤 03 单击工具栏中的 **T**（横排文字工具），在【合成】面板中输入文字...WOW，如图13.21所示。

步骤 04 在【字符】面板中设置合适的字体类型，设置【字体大小】为260像素，【颜色】为白色，单击 **T**（仿粗体）按钮，在【段落】面板中选择 **≡**（左对齐文本），如图13.22所示。

图 13.21　　　　　　　　图 13.22

步骤 05 选择【时间轴】面板中的01.mp4素材，然后在菜单栏中执行【窗口】/【跟踪器】命令，如图13.23所示。

步骤 06 此时，在界面中出现了【跟踪器】面板，如图13.24所示。

图 13.23　　　　　　　　图 13.24

步骤 07 将时间线拖动到0帧位置，选中【时间轴】面板中的01.mp4素材，如图13.25所示。单击【跟踪运动】按钮，如图13.26所示。

图 13.25　　　　　　　　图 13.26

步骤 08 将跟踪点1的位置放置到蜗牛上方较为明显的位置，如图13.27所示。然后单击 ▶（向前分析）按钮，如图13.28所示。

图 13.27　　　　　　　　图 13.28

步骤 09 此时，单击【应用】按钮，如图13.29所示。并在弹出的【动态跟踪器应用选项】窗口中单击【确定】按钮，如图13.30所示。

图 13.29　　　　　　　　图 13.30

步骤 10 此时，素材的属性产生了大量关键帧动画，如图13.31所示。

图 13.31

步骤 11 拖动时间线，可以看到文字跟着蜗牛向右缓缓移动，如图 13.32 所示。

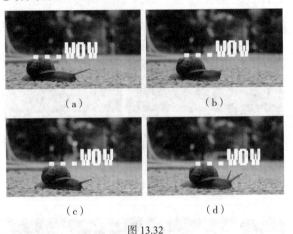

（a） （b）

（c） （d）

图 13.32

13.4 稳定运动

【稳定运动】可以将原本晃动的素材变得更稳定。选择【时间轴】面板中的素材，并单击【稳定运动】按钮，即可使用相关参数，如图 13.33 所示。

图 13.33

实例 13.3：稳定晃动的视频

文件路径：第 13 章 跟踪与稳定→实例：稳定晃动的视频

扫一扫，看视频

本实例主要学习使用【稳定运动】，将原本拍摄时晃动的镜头变得稳定，最终效果如图 13.34 所示。

图 13.34

步骤 01 在【项目】面板中右击，选择【新建合成】命令，在弹出的【合成设置】窗口中设置【合成名称】为 01，【预设】为【自定义】，【宽度】为 1280，【高度】为 720，【像素长宽比】为【方形像素】，【帧速率】为 24，【分辨率】为【完整】，【持续时间】为 20 秒。执行【文件】/【导入】/【文件】命令，在弹出的【导入文件】窗口中导入素材 01.mp4，如图 13.35 所示。

步骤 02 将【项目】面板中的 01.mp4 素材拖动到【时间轴】面板中，拖动时间线发现视频有明显的晃动，如图 13.36 所示。

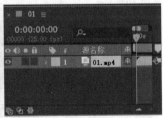

图 13.35 图 13.36

步骤 03 在菜单栏中执行【窗口】/【跟踪器】命令，如图 13.37 所示。

步骤 04 此时，在界面中出现了【跟踪器】面板，如图 13.38 所示。

图 13.37 　　　　　　图 13.38

图 13.41

步骤 05 将时间线拖动到0帧位置，选中【时间轴】面板中的01.mp4素材，然后单击【稳定运动】按钮，勾选【位置】复选框，此时将跟踪点1的位置放置到画面下方的转角处位置，然后单击 ▶（向前分析）按钮，如图13.39所示。

步骤 08 拖动时间线，可以看到视频的四周产生了黑边效果，但是视频已经非常稳定，几乎看不到晃动，如图13.42所示。

步骤 09 为了去除视频四周的黑边效果，设置素材01.mp4的【缩放】为（105.0,105.0%），如图13.43所示。

图 13.39

图 13.42 　　　　　　图 13.43

步骤 06 分析完成后单击【应用】按钮，并在弹出的【动态跟踪器应用选项】窗口中单击【确定】按钮，如图13.40所示。

步骤 10 拖动时间线，此时的稳定视频制作完成，如图13.44所示。

（a）　　　　　　　（b）

（c）　　　　　　　（d）

图 13.44

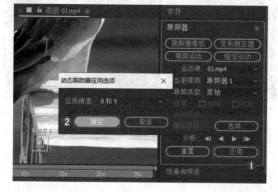

图 13.40

13.5　3D摄像机跟踪器

步骤 07 此时素材01.mp4的属性产生了大量关键帧动画，如图13.41所示。

【跟踪摄像机】可以在拍摄的视频素材中添加文字或其他元素，并且添加的素材可以跟着视频的镜头运动而

中文版After Effects 2023从入门到实战（全程视频版）（下册）

运动。选择【时间轴】面板中的素材，并单击【跟踪摄像机】按钮，如图13.45所示。即可在【效果控件】面板中设置参数，如图13.46所示。

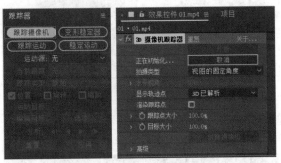

图13.45　　　　　　图13.46

实例13.4：使用3D摄像机跟踪器制作视频合成

文件路径：第13章 跟踪与稳定→实例：使用3D摄像机跟踪器制作视频合成

本实例主要学习使用【跟踪摄像机】，在拍摄的镜头运动的视频中合成文字，最终效果如图13.47所示。

（a）　　　　　　（b）

（c）　　　　　　（d）

图13.47

步骤 01 在【项目】面板中右击，选择【新建合成】命令，在弹出的【合成设置】窗口中设置【合成名称】为01，【预设】为【自定义】，【宽度】为960，【高度】为720，【像素长宽比】为【方形像素】，【帧速率】为24，【分辨率】为【完整】，【持续时间】为4秒20帧。执行【文件】/【导入】/【文件】命令，在弹出的【导入文件】窗口中导入素材

01.avi，如图13.48所示。

步骤 02 将【项目】面板中的素材01.avi拖动到【时间轴】面板中，如图13.49所示。

图13.48　　　　　　图13.49

步骤 03 拖动时间线查看素材动画，如图13.50所示。

（a）　　　　（b）　　　　（c）

图13.50

步骤 04 选中【时间轴】面板中的01.avi图层，然后单击【跟踪摄像机】按钮，如图13.51所示。

图13.51

步骤 05 等待一段时间，可以看到"在后台分析"的提示，如图13.52所示。

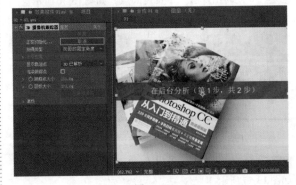

图13.52

步骤 06 再等待一段时间，出现"解析摄像机"，如图13.53所示。

图 13.53

步骤 07 继续等待一段时间，可以看到素材上出现了很多彩色的跟踪点，如图13.54所示。

图 13.54

步骤 08 将鼠标移动到素材中书的位置，当出现透视角度较为准确的红色同心圆图标时，单击，如图13.55所示。

步骤 09 此时出现了三个黄色的点，如图13.56所示。

图 13.55　　　　　图 13.56

步骤 10 此时右击，选择【创建文本和摄像机】命令，如图13.57所示。

步骤 11 此时，出现了"文本"字样，如图13.58所示。

图 13.57　　　　　图 13.58

步骤 12 双击【时间轴】面板的【文本】图层，在【字符】面板中修改文字属性，如图13.59所示。

图 13.59

步骤 13 选择【时间轴】面板中的NEW图层，设置【位置】为(1210.0,-425.9,1584.3)，【缩放】为(276.9,276.9,276.9%)，【方向】为(0.1°,357.8°,24.0°)，【X轴旋转】为0x+61.0°，如图13.60所示。

图 13.60

步骤 14 此时，拖动时间线，可以看到文字跟踪视频产生了运动，如图13.61所示。

（a） （b）

（c） （d）

图 13.61

13.6 轻松动手学：应用变形稳定器VFX

变形稳定器VFX是通过在画面中确定需要稳定不动的点，然后通过将这些点以外的部分产生变形，从而得到稳定的区域。与【稳定运动】的区别在于，【变形稳定器VFX】会产生变形效果。

扫一扫，看视频

选择【时间轴】面板中的素材，并单击【变形稳定器】按钮，如图13.62所示。即可在【效果控件】面板中设置参数，如图13.63所示。

图 13.62 图 13.63

文件路径：第13章 跟踪与稳定→轻松动手学：应用变形稳定器VFX

本实例主要学习使用【变形稳定器VFX】，效果如图13.64所示。

（a） （b）

（c） （d）

图 13.64

步骤 01 在【项目】面板中右击，选择【新建合成】命令，在弹出的【合成设置】窗口中设置【合成名称】为01，【预设】为【自定义】，【宽度】为1280，【高度】为720，【像素长宽比】为【方形像素】，【帧速率】为24，【分辨率】为【完整】，【持续时间】为27秒02帧。执行【文件】/【导入】/【文件】命令，在弹出的【导入文件】窗口中导入素材01.mp4，如图13.65和图13.66所示。

图 13.65 图 13.66

步骤 02 将【项目】面板中的01.mp4素材拖动到【时间轴】面板中，拖动时间线发现视频有明显的晃动，如图13.67所示。

图 13.67

步骤 03 在【时间轴】面板中的01.mp4素材上右击，执行【跟踪和稳定】/【变形稳定器VFX】命令，如图13.68所示。

图 13.68

步骤 04 此时，等待一段时间后视频自动分析完成，如图13.69所示。

图 13.69

步骤 05 展开【高级】选项，勾选【显示跟踪点】复选框，如图13.70所示，画面中自动出现了很多跟踪点。

图 13.70

步骤 06 如果只需让桌面保持稳定状态，那么可以拖动鼠标左键选中鹦鹉表面的控制点，如图13.71所示。

步骤 07 按Delete键删除，画面效果如图13.72所示。

图 13.71　　　　　　　　图 13.72

步骤 08 此时，取消选择【显示跟踪点】复选框，如图13.73所示。

图 13.73

步骤 09 此时，拖动时间线查看动画效果，可以看到刚才我们只保留了桌子上的点，桌子是保持不晃动的，而桌子以外的部分出现了变形效果，如图13.74所示。

（a）　　　　　　　　（b）

（c）　　　　　　　　（d）

图 13.74

扫一扫，看视频

表达式的应用

本章内容简介：

随着技术的不断发展，After Effects等软件不断应用到各个领域中，创造出引人注目的动态感视觉效果。

在After Effects中制作动画时，表达式可以让一些烦琐的操作变得简单化，制作出关键帧达不到的震撼效果，表达式是After Effects中难度较大的部分。本章主要针对基础的表达式进行讲解，带领读者一起认识什么是表达式以及学习一些常用的表达式方法，使读者能够更加轻松地使用常用表达式效果。

重点知识掌握：

- 认识什么是表达式
- 添加/删除表达式的方法

优秀佳作欣赏：

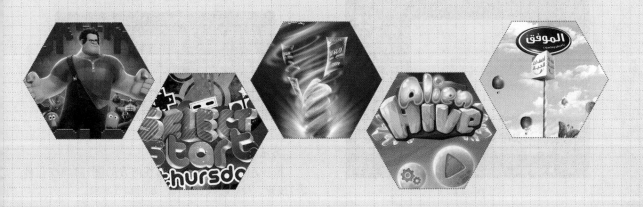

14.1 初识表达式

After Effects中的表达式基于传统的JavaScript语言，可以为属性编写表达式，使其快速产生应有的效果。表达式难度很大、不好理解，需要有一点编程基础，而且表达式的编写方式非常多样。在本章我们只讲解简单的表达式和常用的几种表达式。

14.1.1 什么是表达式

在After Effects中，表达式是由数字、运算符、数字分组符号（即括号）、自由变量和约束变量等可以求得数值的排列方法所得的组合。约束变量在表达式中表示已经被指定数值，而自由变量则可以另行指定其他数值。

14.1.2 为什么要使用表达式

在准备创建和链接复杂的动画，但想避免手动创建数十个乃至数百个关键帧时，可尝试使用表达式。表达式可以提高创作作品的效率，又能制作难度较大的效果。例如，需要创建一个图层不透明度的随机变化动画，如果使用关键帧动画的方法制作，则需要花费大量时间去设置关键帧和参数；若使用表达式，则一段很短的表达式即可完成。

14.1.3 轻松动手学：添加表达式的三种方法

文件路径：第14章 表达式的应用→轻松动手学：添加表达式的三种方法

扫一扫，看视频

方法1：

步骤 01 打开本书配套文件01.aep，此时没有设置动画效果，如图14.1所示。

图14.1

步骤 02 选择需要使用表达式的属性，然后在菜单栏中执行【动画】/【添加表达式】命令，如图14.2所示。

图14.2

步骤 03 此时可以输入表达式，如输入wiggle(5,300)，注意","等符号都要在英文半角模式下输入，如图14.3所示。

图14.3

方法2：

选择需要使用表达式的属性，然后按快捷键Alt+Shift+=，最后输入表达式，如图14.4所示。

图14.4

方法3：

按住Alt键的同时单击属性前方的 ⏱（时间变化秒表）按钮，最后输入表达式，如图14.5所示。

图 14.5

删除表达式的方法

如果要在一个动画属性中移除制作的表达式，可以在【时间轴】面板中选择该属性，然后在菜单栏中执行【动画】/【移除表达式】命令，如图 14.6 所示。或者在按住 Alt 键的同时，单击该属性前方的 ◎（时间变化秒表）按钮，如图 14.7 所示。

图 14.6

图 14.7

重点 14.2 表达式工具

表达式工具包括 4 个按钮，分别是【启用表达式】【显示后表达式图表】【表达式关联器（将参考插入目标）】【表达式语言菜单】，如图 14.8 所示。

扫一扫，看视频

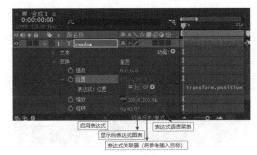

图 14.8

- 启用表达式：该按钮为 状态时，表示该表达式可用；该按钮为 状态时，则是暂时关闭使用该表达式效果，如图 14.9 和图 14.10 所示。

图 14.9

图 14.10

- 显示后表达式图表：开启该按钮可以在【图表编辑器】面板中查看当前表达式的变化曲线，如图 14.11 和图 14.12 所示。

图 14.11

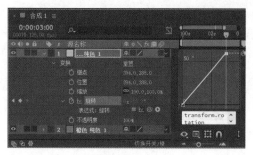

图 14.12

- 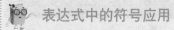表达式关联器（将参考插入目标）：使用该工具可以建立当前属性参数与其他属性参数的链接。在该按钮上按住鼠标左键并拖动，然后将线条拖到其他属性上，即可建立两个属性参数之间的链接关系，如图 14.13 所示。

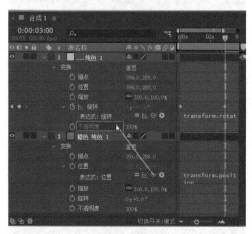

图 14.13

- 表达式语言菜单：单击该按钮即可弹出很多表达式的分类，可以选择需要的表达式单击并添加，图 14.14 所示为其面板。

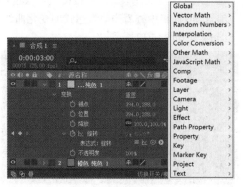

图 14.14

- ◆Global（全局）：用于指定表达式的全局对象设置。
- ◆Vector Math（向量数学）：向量数学运算的相关数学函数。
- ◆Random Numbers（随机数）：可以产生随机值的函数。
- ◆Interpolation（插值）：可以利用插值的方法来制作相关表达式函数。
- ◆Color Conversion（颜色转换）：RGB、Alpha和HSL、Alpha的色彩空间转换。
- ◆Other Math（其他数学）：包括度和弧度的相互转换。
- ◆JavaScript Math（脚本方法）：JavaScript相关的数学函数。
- ◆Comp（合成）：利用合成的相关参数制作表达式。
- ◆Footage（素材）：利用脚本的属性和方法制作表达式。
- ◆Layer（层）：包含Sub-object（层的子对象类）、General（层的一般属性类）、Properties（层的特殊属性类）、3D（三维层类）、Space Transforms（层的空间转换类）5种层的类型，并可以分别利用各层的相关属性制作表达式。
- ◆Camera（摄像机）：利用摄像机的相关属性制作表达式。
- ◆Light（灯光）：利用灯光的相关属性制作表达式。
- ◆Effect（效果）：利用效果的相关属性制作表达式。
- ◆Path Property（路径性质）：将所选择属性的路径描述为另一个所参考的属性下的路径。
- ◆Property（特征）：用于制作速度、速率、抖动等效果的表达式。
- ◆Key（关键帧）：利用关键帧的值、时间和指数制作表达式。
- ◆Marker Key（标记关键帧）：利用标记关键帧的方法制作表达式。
- ◆Text（文本）：利用文本属性的方法制作表达式。

表达式中的符号应用

在编制适合编辑的表达式时，可以结合以下这些简单的运算以及更多运算。

- ●+：相加。
- ●-：相减。
- ●/：相除。
- ●*：相乘。
- ●*-1：执行与原来相反的操作，如逆时针，而非顺时针。

中文版After Effects 2023从入门到实战（全程视频版）（下册）

例如，可以通过在表达式结尾输入*2将结果增大一倍，也可以通过在表达式结尾输入/2将结果减小一半。

14.3 After Effects中常用的几种表达式

14.3.1 轻松动手学：随机移动类表达式

应用该表达式，可以让生成的动画效果更加生动和自然。表达式中的第一个数字代表每秒抖动的次数，第二个数字则代表抖动的像素，如图14.15所示。

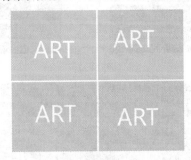

图14.15

文件路径：第14章 表达式的应用→轻松动手学：随机移动类表达式

步骤 01 在【项目】面板中右击，选择【新建合成】命令。在弹出的【合成设置】窗口中设置【合成名称】为【合成1】，【预设】为【自定义】，【宽度】为720，【高度】为576，【像素长宽比】为【方形像素】，【帧速率】为25，【分辨率】为【完整】，【持续时间】为5秒，【颜色】为浅蓝色。接下来制作文字。在【时间轴】面板的空白位置处右击，执行【新建】/【文本】命令。接着在【字符】面板中设置合适的【字体系列】，【字体样式】为Regular，【填充】为白色，【描边】为无，【字体大小】为200像素，然后输入文本ART，如图14.16所示。

步骤 02 为文字制作随机移动效果。在【时间轴】面板中单击打开文本图层下方的【变换】，为【变换】效果添加表达式。首先，在按住Alt键的同时单击【位置】前方的 （时间变化秒表）按钮，如图14.17所示。此时，在【位置】下方自动呈现出表达式，如图14.18所示。

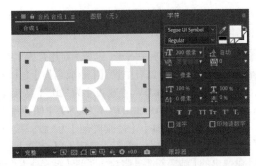

图14.16

图14.17　　　　　　　图14.18

步骤 03 在时间轴区域输入表达式wiggle(5,50)，该表达式意味着每秒抖动5次，每次抖动50个像素，如图14.19所示。此时，画面中的文字出现随机移动的效果，如图14.20所示。

图14.19　　　　　　　图14.20

14.3.2 轻松动手学：随机不透明度类表达式

应用该表达式，可以制作随机不透明度属性的动画变化效果，如可以使素材的不透明度在一定数值范围内随机变化，如图14.21所示。

图14.21

文件路径：第14章 表达式的应用→轻松动手学：随机不透明度类表达式

步骤 01 在【项目】面板中右击，选择【新建合成】命令。在弹出的【合成设置】窗口中设置【合成名称】为【合成1】，【预设】为PAL D1/DV，【宽度】为720，【高度】为576，【像素长宽比】为PAL D1/DV (1.09)，【帧速率】为25，【分辨率】为【完整】，【持续时间】为5秒。接下来在【时间轴】面板中右击，执行【新建】/【纯色】命令。然后在弹出的【纯色设置】窗口中设置【颜色】为白色，如图14.22所示。

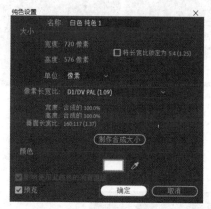

图 14.22

步骤 02 此时，在【时间轴】面板中出现【白色 纯色1】图层，如图14.23所示。使用同样的方法再次新建一个纯色图层，在【纯色设置】窗口中设置【宽度】为300像素，【高度】为300像素，【颜色】为橙色，如图14.24所示。

图 14.23　　　　　图 14.24

步骤 03 在【时间轴】面板中选择【橙色 纯色1】图层并单击展开【变换】效果，然后在按住Alt键的同时单击【不透明度】前方的（时间变化秒表）按钮，如图14.25所示。此时，在【不透明度】下方出现表达式，如图14.26所示。

图 14.25　　　　　图 14.26

步骤 04 在表达式中单击（表达式语言菜单）按钮，在弹出的快捷菜单中执行Random Numbers/random()命令，如图14.27所示。此时表达式后方的transform.opacity变为random()，如图14.28所示。

图 14.27

图 14.28

步骤 05 在random后方的括号中输入60，如图14.29所示。拖动时间线，可以看到该图层的不透明度产生了随机的0% ~ 60%数值的变换，如图14.30所示。

图 14.29　　　　　图 14.30

14.3.3 轻松动手学：规律旋转表达式

表达式除了可以制作随机变化外，还可以模拟规律变化，如规律旋转，如图14.31所示。

中文版After Effects 2023从入门到实战（全程视频版）（下册）

图 14.31

文件路径：第 14 章 表达式的应用→轻松动手学：规律旋转表达式

步骤 01 在【项目】面板中右击，选择【新建合成】命令。在弹出的【合成设置】窗口中设置【合成名称】为【合成 1】，【预设】为 PAL D1/DV，【宽度】为 720，【高度】为 576，【像素长宽比】为 PAL D1/DV（1.09），【帧速率】为 25，【分辨率】为【完整】，【持续时间】为 5 秒。接下来在【时间轴】面板中右击，执行【新建】/【纯色】命令。然后在弹出的【纯色设置】窗口中设置【宽度】为 200 像素，【高度】为 200 像素，【颜色】为黄色，如图 14.32 所示。

图 14.32

步骤 02 此时，在【时间轴】面板中呈现【黄色 纯色 1】图层，如图 14.33 所示。此时，画面效果如图 14.34 所示。

图 14.33   图 14.34

步骤 03 为【黄色 纯色 1】图层添加【投影】效果。在【时间轴】面板中选择【黄色 纯色 1】图层，然后在【效果和预设】面板中搜索【投影】效果，并将其拖曳到【黄色 纯色 1】图层上，如图 14.35 所示。

图 14.35

步骤 04 单击打开【黄色 纯色 1】图层下方的【效果】，然后在【投影】效果中设置【方向】为 0x+90.0°，【距离】为 15.0，【柔和度】为 30.0，如图 14.36 所示。此时，画面效果如图 14.37 所示。

图 14.36   图 14.37

步骤 05 将黄色方形制作出循环动画的效果。在【时间轴】面板中选择纯色图层并单击展开【变换】效果，然后在按住 Alt 键的同时单击【旋转】前方的 ⏱ (时间变化秒表）按钮，如图 14.38 所示。此时，在【旋转】下方出现表达式，如图 14.39 所示。

图 14.38

图 14.39

步骤 06 在时间轴中编辑表达式为time*200，如图14.40所示。此时，拖动时间线查看旋转动画效果，如图14.41所示。

图 14.40   图 14.41

14.3.4　轻松动手学：不透明度随时间变化

扫一扫，看视频

表达式可以模拟随着时间变化的同时不透明度属性也跟着变化的效果，如图14.42所示。

图 14.42

文件路径：第14章　表达式的应用→轻松动手学：不透明度随时间变化

步骤 01 在【项目】面板中右击，选择【新建合成】命令。在弹出的【合成设置】窗口中设置【合成名称】为【合成1】，【预设】为【自定义】，【宽度】为720，【高度】为576，【像素长宽比】为【方形像素】，【帧速率】为25，【分辨率】为【完整】，【持续时间】为5秒，【颜色】为浅绿色。在工具栏中长按 ■（矩形工具），在打开的矩形工具组中选择 ●（椭圆工具），并设置【填充】为淡黄色，【描边】为无，设置完成后在【合成】面板中心位置按住Shift键的同时按住鼠标左键绘制正圆形状，如图14.43所示。

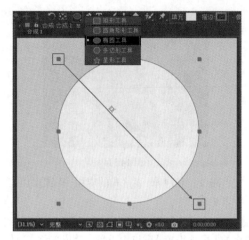

图 14.43

步骤 02 在正圆中输入文字。在【时间轴】面板的空白位置处右击，执行【新建】/【文本】命令，如图14.44所示。在【字符】面板中设置合适的【字体系列】，【填充】为桃红色，【描边】为无，【字体大小】为155像素，在【段落】面板中单击 ■（居中对齐文本）按钮，如图14.45所示。

图 14.44

图 14.45

步骤 03 使用表达式制作不透明度效果。在【时间轴】面板中单击打开【文本】图层下方的【变换】效果，然后在按住Alt键的同时单击【不透明度】前方的 ⏱（时间变化秒表）按钮，如图14.46所示。此时在【不透明度】下方出现表达式，如图14.47所示。

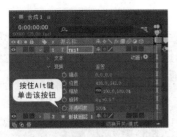

图 14.46

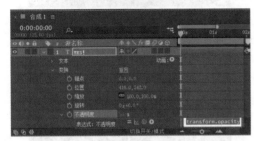

图 14.47

步骤 04 编辑【不透明度】表达式为linear(time, 0, 4, 30, 90)，如图14.48所示。此时，不透明度值可在 0 ~ 4秒的时间内从 30% 线性渐变为 90%，文字效果如图14.49所示。

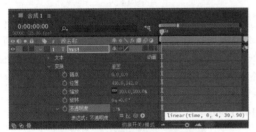

图 14.48

图 14.49

实例：使用表达式制作随机晃动和旋转效果

文件路径：第 14 章 表达式的应用→实例：使用表达式制作随机晃动和旋转效果

本实例主要学习在实际应用中【位置】

扫一扫，看视频

及【旋转】表达式的运用，效果如图14.50所示。

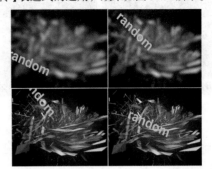

图 14.50

步骤 01 在【项目】面板中右击，选择【新建合成】命令。在弹出的【合成设置】窗口中设置【合成名称】为【合成1】，【预设】为PAL D1/DV，【宽度】为720，【高度】为576，【像素长宽比】为PAL D1/DV（1.09），【帧速率】为25，【分辨率】为【完整】，【持续时间】为5秒。执行【文件】/【导入】/【文件】命令，在弹出的【导入文件】窗口中导入所需要的素材，如图14.51所示。

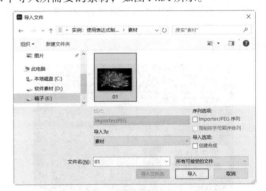

图 14.51

步骤 02 在【项目】面板中将素材01.jpg拖曳到【时间轴】面板中，如图14.52所示。

图 14.52

步骤 03 在【时间轴】面板中单击打开01.jpg素材图层下方的【变换】，设置【缩放】为（36.0,36.0%），如图14.53所示。此时，画面效果如图14.54所示。

图 14.53 　　　　　　图 14.54

步骤 04 在【效果和预设】面板中搜索【高斯模糊】效果，并将其拖曳到【时间轴】面板的01.jpg图层上，如图14.55所示。

图 14.55

步骤 05 在【时间轴】面板中单击打开01.jpg素材图层下方的【效果】/【高斯模糊】，然后在按住Alt键的同时单击【模糊度】前方的 ⬛ (时间变化秒表)按钮，如图14.56所示。此时，在【模糊度】下方出现相对应的表达式，如图14.57所示。

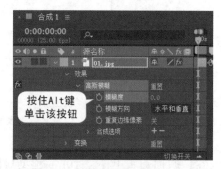

图 14.56

图 14.57

步骤 06 在【模糊度】下方的表达式中输入random(0, 100)，如图14.58所示。此时，拖动时间线查看效果，如

图 14.59 所示。

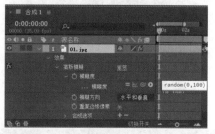

图 14.58

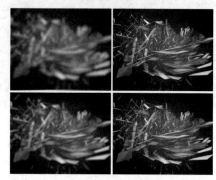

图 14.59

步骤 07 为画面添加文字。在【时间轴】面板中的空白位置处右击，执行【新建】/【文本】命令，如图14.60所示。

步骤 08 在【字符】面板中设置【字体系列】为Arial，【字体样式】为Bold，【填充】为黄色，【描边】为无，【字体大小】为100像素，然后在画面中输入文字，如图14.61所示。

图 14.60

图 14.61

中文版After Effects 2023从入门到实战（全程视频版）（下册）

步骤 09 为文字添加效果。在【时间轴】面板中单击打开【文本】图层下方的【变换】，使用同样的方法，按住Alt键的同时单击【位置】前方的 ◎（时间变化秒表）按钮，此时，在【位置】下方出现相对应的表达式，如图14.62所示。接着在【表达式】中输入wiggle(5,300)，如图14.63所示。

打开【文本】图层下方的【变换】，按住Alt键的同时单击【旋转】前方的 ◎（时间变化秒表）按钮，此时，在【旋转】下方出现相对应的表达式，如图14.65所示。接着在【表达式：旋转】中输入random(20,200)，如图14.66所示。

图 14.65

图 14.62

图 14.63

图 14.66

步骤 10 此时，拖动时间线查看效果，如图14.64所示。

步骤 12 此时，在【时间轴】面板中拖动时间线查看实例效果，如图14.67所示。

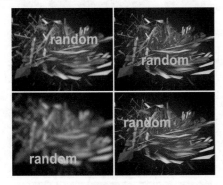

图 14.64

步骤 11 继续选择【时间轴】面板中的文本图层，单击

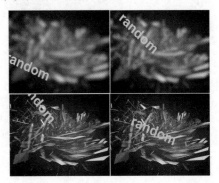

图 14.67

Chapter 15
第15章

光效效果综合实例

本章内容简介：

在After Effects中可以制作出很多光效效果，光效被广泛应用于影视、包装、广告、动画、自媒体设计中，它可以模拟灯光、闪电以及各种奇幻光效，为画面增添绚丽的效果，让呆板的画面变得生动，使得画面产生更丰富的情感表达。

重点知识掌握：

不同类型的光效的制作方法

综合实例 15.1：制作光晕文字片头动画

文件路径：第15章 光效效果综合实例→
综合实例：光晕文字片头动画

扫一扫，看视频

本综合实例使用【镜头光晕】效果制作
文字后方的光晕效果，使用CC Star Burst效
果制作散射的粒子光点，效果如图15.1所示。

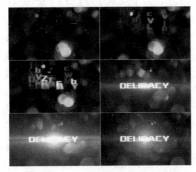

图 15.1

步骤 01 在【项目】面板中右击，选择【新建合成】命
令，在弹出的【合成设置】窗口中设置【合成名称】为【合
成1】，【预设】为HDTV 720 25，【宽度】为1280，【高度】为
720，【像素长宽比】为【方形像素】，【帧速率】为25，【分
辨率】为【完整】，【持续时间】为7秒。然后执行【文件】/
【导入】/【文件】命令，在弹出的【导入文件】窗口中导入
全部素材文件。接下来在【项目】面板中选择1.mp4素材
文件，将它拖曳到【时间轴】面板中，如图15.2所示。

图 15.2

步骤 02 在【时间轴】面板中单击打开该图层下方的【变
换】，设置【缩放】为（65.0,65.0%），如图15.3所示。此
时，画面效果如图15.4所示。

图 15.3

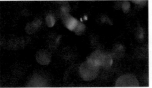

图 15.4

步骤 03 制作文字。在【时间轴】面板的空白位置处右
击，执行【新建】/【文本】命令，如图15.5所示。在
【字符】面板中设置合适的【字体系列】，【填充】为白
色，【描边】为无，【字体大小】为120像素，在【段落】
面板中选择▀（居中对齐文本），设置完成后输入文字
DELICACY，如图15.6所示。

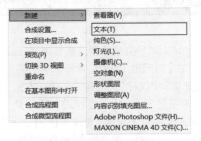

图 15.5

图 15.6

步骤 04 在【时间轴】面板中单击打开文本图层下方的
【变换】，设置【位置】为（624.0,396.0），如图15.7所示。
此时，文字效果如图15.8所示。

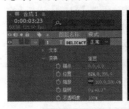

图 15.7   图 15.8

步骤 05 将时间线拖动到15帧位置，在【效果和预设】
面板搜索框中搜索【下雨字符入】，将该效果拖曳到【时
间轴】面板的文本图层上，如图15.9所示。此时，文字
出现动画效果，如图15.10所示。

图 15.9

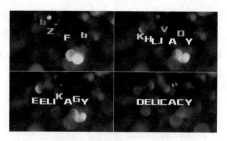

图 15.10

步骤 06 此时，文字略显朴素，接着为文字添加【外发光】效果。在【时间轴】面板中选择文本图层，右击，在弹出的快捷菜单中执行【图层样式】/【外发光】命令。单击打开文本图层下方的【图层样式】/【外发光】，设置【不透明度】为40%，【颜色】为淡黄色，【大小】为20.0，如图15.11所示。此时，动画效果如图15.12所示。

图 15.11

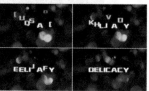

图 15.12

步骤 07 在【时间轴】面板的空白位置处右击，执行【新建】/【纯色】命令。此时，在弹出的【纯色设置】窗口中设置【名称】为【黑色 纯色 1】，【颜色】为黑色，如图15.13所示。

步骤 08 制作光晕效果。在【效果和预设】面板搜索框中搜索【镜头光晕】，将该效果拖曳到【时间轴】面板中的【黑色 纯色 1】图层上，如图15.14所示。

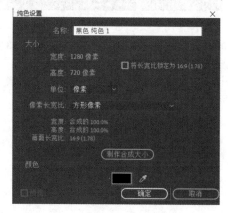

图 15.13

图 15.14

步骤 09 在【时间轴】面板中选择【黑色 纯色 1】图层，在该图层后方设置【模式】为【变亮】，单击打开【效果】/【镜头光晕】，设置【光晕中心】为(630.0,350.0)，【镜头类型】为【105毫米定焦】。将时间线拖动到2秒15帧位置，单击【光晕亮度】前的 （时间变化秒表）按钮，设置【光晕亮度】为0%；继续将时间线拖动到3秒01帧位置，设置【光晕亮度】为200%；最后将时间线拖动到3秒15帧位置，设置【光晕亮度】为0%，如图15.15所示。

步骤 10 再次在【效果和预设】面板搜索框中搜索【镜头光晕】，将该效果拖曳到【时间轴】面板中的【黑色 纯色 1】图层上，如图15.16所示。

图 15.15

图 15.16

步骤 11 单击打开【黑色 纯色 1】图层下方的【效果】/【镜头光晕2】，设置【光晕中心】为(627.0,365.0)，将时间线拖动到3秒10帧位置，单击【光晕亮度】前的 （时间变化秒表）按钮，设置【光晕亮度】为0%。继续将时间线拖动到4秒位置，设置【光晕亮度】为125%，如图15.17所示。此时，拖动时间线查看画面效果，如图15.18所示。

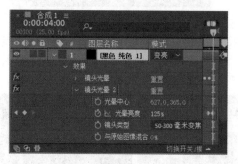

图 15.17

图 15.18

步骤 12 制作飞舞的粒子效果。使用快捷键Ctrl+Y再次新建一个纯色图层,在【纯色设置】窗口中设置【名称】为【中间色黄色 纯色 1】,【颜色】为黄色,如图15.19所示。

步骤 13 在【效果和预设】面板搜索框中搜索CC Star Burst,将该效果拖曳到【时间轴】面板的【中间色黄色 纯色 1】图层上,如图15.20所示。

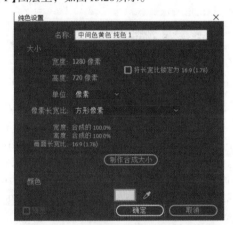

图 15.19

图 15.20

步骤 14 在【时间轴】面板中单击打开【中间色黄色 纯色 1】图层下方的【效果】/CC Star Burst,设置Scatter为200.0,Speed为2.50,Phase为0x+100.0°,Grid Spacing为10,Size为50.0。接着展开【变换】属性,设置【不透明度】为50%,如图15.21所示。

步骤 15 在【效果和预设】面板搜索框中搜索【湍流置换】,将该效果拖曳到【时间轴】面板的【中间色黄色 纯色 1】上,如图15.22所示。

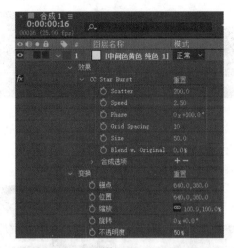

图 15.21

图 15.22

步骤 16 在【时间轴】面板中单击打开【中间色黄色 纯色 1】图层下方的【效果】/【湍流置换】,设置【置换】为【扭转】,【大小】为135.0,【复杂度】为2.0,如图15.23所示。此时,黄色的粒子效果制作完成,拖动时间线查看画面效果,如图15.24所示。

图 15.23

图 15.24

步骤 17 在【项目】面板中选择2.png素材文件,按住鼠标左键将它拖曳到【时间轴】面板中,如图15.25所示。

步骤 18 在【时间轴】面板中单击打开2.png图层下方的【变换】,将时间线拖动到3秒05帧位置,单击【缩放】前的 ◎(时间变化秒表)按钮,开启自动关键帧,设置【缩放】为(0.0,0.0%);将时间线拖动到3秒20帧位置,设置【缩放】为(650.0,650.0%);最后将时间线拖动到4秒10帧位置,设置【缩放】为(130.0,130.0%),最后设置该图层的【模式】为【变亮】,如图15.26所示。

图15.25　　　　　　　　图15.26

步骤（19）此时，画面效果如图15.27所示。

步骤（20）本综合实例制作完成，拖动时间线查看实例制作效果，如图15.28所示。

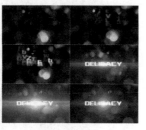

图15.27　　　　　　　　图15.28

综合实例15.2：制作神秘的抽象光效

扫一扫，看视频

文件路径：第15章 光效效果综合实例→综合实例：制作神秘的抽象光效

本综合实例使用CC Particle World、【高斯模糊】以及CC Vector Blur制作烟雾效果，使用【网格变形】效果调整烟雾粒子的形态，使用【曲线】效果更改粒子颜色，效果如图15.29所示。

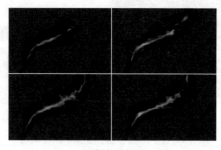

图15.29

步骤（01）在【项目】面板中右击，选择【新建合成】命令，在弹出的【合成设置】窗口中设置【合成名称】为【合成1】，【预设】为【自定义】，【宽度】为1160，【高度】为720，【像素长宽比】为【方形像素】，【帧速率】为24，【分辨率】为【完整】，【持续时间】为2秒。接着在【时间轴】面板的空白位置处右击，执行【新建】/【纯色】命令。此时，在弹出的【纯色设置】窗口中设置【名称】

为【黑色 纯色1】，【颜色】为黑色，如图15.30所示。

步骤（02）继续在【时间轴】面板中新建纯色图层，使用快捷键Ctrl+Y调出【纯色设置】窗口，设置【名称】为【粒子】，【颜色】为白色，如图15.31所示。

图15.30　　　　　　　　图15.31

步骤（03）在【效果和预设】面板搜索框中搜索CC Particle World，将该效果拖曳到【时间轴】面板的【粒子】图层上，如图15.32所示。

图15.32

步骤（04）在【时间轴】面板中选择【粒子】图层，打开该图层下方的【效果】/CC Particle World，设置Birth Rate为1.7，Longevity（sec）为1.17；展开Producer，设置Position X为−0.36，Radius X为0.220，Radius Y为0.105，Radius Z为0.000，如图15.33所示。下面展开Physics，设置Animation为Direction Axis，在按住Alt键的同时单击Velocity前的 ◎（时间变化秒表）按钮，为Velocity添加表达式，并在【表达式：Velocity】后方编辑数值为wiggle(8,4)；然后设置Gravity为0.000，Extra Angle为0x+0.0°。接着展开Particle，设置Particle Type为Lens Convex，Birth Size为0.100，Death Size为0.100，Size Variation为61.0%，Max Opacity为100.0%，如图15.34所示。

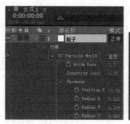

图15.33　　　　　　　　图15.34

中文版After Effects 2023从入门到实战（全程视频版）（下册）

步骤 05 此时，粒子效果如图15.35所示。

步骤 06 在【效果和预设】面板搜索框中搜索【高斯模糊】，将该效果拖曳到【时间轴】面板的【粒子】图层上，如图15.36所示。

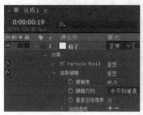
图 15.35

图 15.36

步骤 07 在【时间轴】面板中选择【粒子】图层，打开该图层下方的【效果】/【高斯模糊】，设置【模糊度】为40.0，【重复边缘像素】为【开】，如图15.37所示。此时，画面效果如图15.38所示。

图 15.37 　　　　　　　　 图 15.38

步骤 08 在【效果和预设】面板搜索框中搜索CC Vector Blur，将该效果同样拖曳到【时间轴】面板的【粒子】图层上，如图15.39所示。

图 15.39

步骤 09 打开【粒子】图层下方的【效果】/CC Vector Blur，设置Amount为24.0，Property为Alpha，如图15.40所示。此时，画面中的粒子形态发生改变，如图15.41所示。

图 15.40 　　　　　　 图 15.41

步骤 10 在【时间轴】面板中选择【粒子】图层，使用快捷键Ctrl+D复制该图层，如图15.42所示。单击打开【粒子】图层（图层1）下方的【效果】/CC Particle World/Producer，更改Radius Y为0.010；展开Physics，更改表达式为wiggle(6,4)，如图15.43所示。

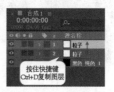
图 15.42

图 15.43

步骤 11 展开【高斯模糊】，更改【模糊度】为21，如图15.44所示。拖动时间线查看画面效果，如图15.45所示。

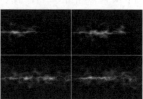

图 15.44 　　　　　　 图 15.45

步骤 12 在【时间轴】面板的空白位置处右击，执行【新建】/【调整图层】命令，如图15.46所示。

图 15.46

步骤 13 在【效果和预设】面板搜索框中搜索【网格变形】，将该效果同样拖曳到【时间轴】面板的【调整图层 1】图层上，如图15.47所示。

图 15.47

步骤 14 在【时间轴】面板中单击打开【调整图层 1】图层下方的【效果】/【网格变形】，设置【行数】和【列数】均为4，如图15.48所示。接着在【合成】面板中调整网格的形状，如图15.49所示。

 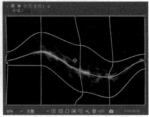

图 15.48　　　　　　　　图 15.49

步骤 15 在【时间轴】面板中使用快捷键Ctrl+A选择全部图层，使用快捷键Ctrl+Shift+C进行预合成，在弹出的【预合成】窗口中设置【新合成名称】为【光】，如图15.50所示。此时，在【时间轴】面板中得到【光】预合成图层，如图15.51所示。

图 15.50

图 15.51

步骤 16 在【时间轴】面板中单击打开【光】预合成图层下方的【变换】，设置【位置】为(519.0,279.0)，【旋

转】为0x–50.0°，如图15.52所示。此时，画面效果如图15.53所示。

 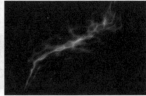

图 15.52　　　　　　　　图 15.53

步骤 17 在【效果和预设】面板搜索框中搜索【曲线】，将该效果拖曳到【时间轴】面板的【光】预合成图层上，如图15.54所示。

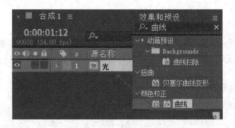

图 15.54

步骤 18 在【时间轴】面板中选择【光】预合成图层，在【效果控件】面板中展开【曲线】效果，设置【通道】为RGB，在下方曲线上单击添加3个控制点，调整曲线形状，如图15.55所示。继续将【通道】设置为红色，在红色曲线上单击添加1个控制点并向右下角拖动，减少光效中的红色数量，如图15.56所示。

步骤 19 将【通道】设置为绿色，在绿色曲线上添加2个控制点并适当向左上角拖动进行调整，如图15.57所示。最后将【通道】设置为蓝色，在蓝色曲线上单击添加1个控制点并向左上角拖动，提亮光效中的蓝色数量，如图15.58所示。

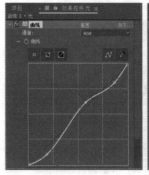 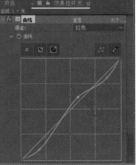

图 15.55　　　　　　　　图 15.56

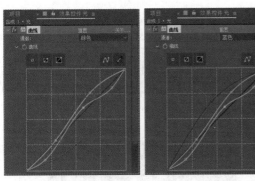

图 15.57　　　　　　　　　图 15.58

步骤 20 继续在【时间轴】面板中选择【光】预合成图层，右击，执行【混合模式】/【相加】命令，如图 15.59 所示。

步骤 21 本综合实例制作完成，拖动时间线查看光效的效果，如图 15.60 所示。

图 15.59

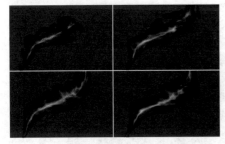

图 15.60

综合实例 15.3：制作电流曲线的变换动画效果

文件路径：第 15 章　光效效果综合实例→综合实例：制作电流曲线的变换动画效果

扫一扫，看视频

After Effects 中除了可以制作常规的、可控的效果外，还可以制作随机的、混乱的动画效果，随机的美是更具想象力的艺术，本综合实例将模拟抽象的电流动画变化。本综合实例使用【椭圆工具】绘制一个正圆，接着使用【湍流置换】效果，并设置参数及动画制作出抽象电流动画，效果如图 15.61 所示。

图 15.61

步骤 01 在【项目】面板中右击，选择【新建合成】命令，在弹出的【合成设置】窗口中设置【合成名称】为【合成 1】，【预设】为【NTSC D1 方形像素】，【宽度】为 720，【高度】为 534，【像素长宽比】为【方形像素】，【帧速率】为 29.97，【分辨率】为【完整】，【持续时间】为 5 秒。在【时间轴】面板的空白位置处右击，执行【新建】/【纯色】命令。在弹出的【纯色设置】窗口中设置【名称】为【中等灰色–蓝色 纯色 1】，【颜色】为深蓝色，如图 15.62 所示。

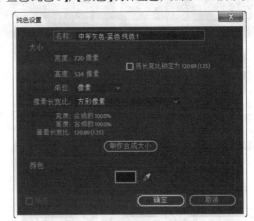

图 15.62

步骤 02 制作文字部分。在【时间轴】面板的空白位置处右击，执行【新建】/【文本】命令。在【字符】面板中设置合适的【字体系列】，设置【填充】为白色，【描边】为无，【字体大小】为 100 像素，在【段落】面板中选择▇（居中对齐文本），设置完成后在画面中合适位置输入文字 ART，如图 15.63 所示。

步骤 03 在【时间轴】面板中选择该文本图层，右击，在弹出的快捷菜单中执行【图层样式】/【外发光】命令。在【时间轴】面板中单击打开文本图层下方的【图层样式】/【外发光】，设置【颜色】为荧光绿，【大小】为 10.0。接着打开【变换】，设置【位置】为 (344.0,284.0)，如图15.64所示。此时，文字效果如图15.65所示。

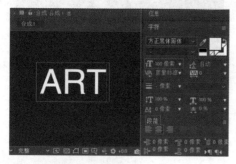

图 15.63

图 15.64 　　　　　　　图 15.65

步骤 04 在【时间轴】面板中单击空白位置处使当前状态不选择任何图层，在工具栏中单击选择 ■ (椭圆工具)按钮，设置【填充】为无，【描边】为绿色，【描边宽度】为25像素，接着在【合成】面板的合适位置按住Shift键的同时按住鼠标左键绘制一个正圆，如图15.66所示。

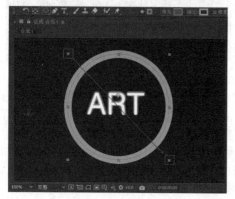

图 15.66

步骤 05 在【时间轴】面板中单击打开【形状图层1】图层下方的【内容】/【椭圆1】/【描边1】及【变换】，将时间线拖动到起始帧位置，单击【描边宽度】

和【缩放】前的 ■ (时间变化秒表)按钮，设置【描边宽度】为25.0，【缩放】为(0.0,0.0%)。继续将时间线拖动到2秒位置，设置【描边宽度】为0.0，【缩放】为(100.0,100.0%)，接着设置【位置】为(353.0,220.0)，如图15.67所示。框选2秒位置处的两个关键帧，右击，执行【关键帧辅助】/【缓出】命令，此时关键帧变为 ◀ 状态，如图15.68所示。

图 15.67

图 15.68

步骤 06 此时，拖动时间线查看当前画面效果，更改关键帧后的状态更加平缓自然，如图15.69所示。

步骤 07 在【效果和预设】面板中搜索【湍流置换】效果，并将它拖曳到【时间轴】面板的【形状图层1】图层上，如图15.70所示。

图 15.69 　　　　　　　图 15.70

步骤 08 在【时间轴】面板中单击打开【形状图层 1】图层下方的【效果】/【湍流置换】，设置【数量】为80.0，【大小】为70.0，【复杂度】为2.3。将时间线拖动到起始帧位置，单击【演化】前的 ⏱ (时间变化秒表)按钮，设置【演化】为0x+0.0°；继续将时间线拖动到结束帧位置，设置【演化】为1x+0.0°，如图15.71所示。此时，拖动时间线查看画面效果，如图15.72所示。

步骤 09 在【时间轴】面板中选择【形状图层 1】图层，使用快捷键Ctrl+D复制图层，如图15.73所示。

图 15.74

图 15.71

图 15.75

图 15.76

步骤 12 在【时间轴】面板中单击打开【形状图层 3】图层下方的【内容】/【椭圆 1】/【描边 1】，更改【颜色】为浅绿色，将时间线拖动到起始帧位置，更改【描边宽度】为32.0，如图15.77所示。接着打开【效果】/【湍流置换】，更改【大小】为55.0，【复杂度】为5.0，将时间线拖动到结束帧位置，更改【演化】参数为0x+110.0°，如图15.78所示。

图 15.72

图 15.73

步骤 10 在【时间轴】面板中单击打开【形状图层 2】图层下方的【内容】/【椭圆 1】/【描边 1】，更改【颜色】为较浅一些的薄荷绿色，接着打开【效果】/【湍流置换】，更改【数量】为230.0，【大小】为130.0，【复杂度】为4.0，将时间线拖动到结束帧位置，更改【演化】参数为0x+200.0°，如图15.74所示。此时拖动时间线查看画面效果，如图15.75所示。

步骤 11 继续在【时间轴】面板中选择【形状图层 2】图层，使用快捷键Ctrl+D复制图层，此时出现【形状图层3】图层，如图15.76所示。

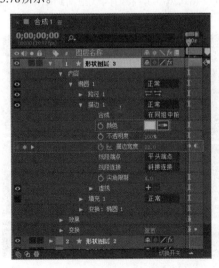

图 15.77

图 15.78

步骤 13 此时，拖动时间线查看画面效果，如图 15.79 所示。

步骤 14 使用同样的方法在【时间轴】面板中选择【形状图层 3】，使用快捷键 Ctrl+D 复制图层，此时得到【形状图层 4】，如图 15.80 所示。

图 15.79

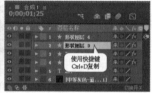

图 15.80

步骤 15 在【时间轴】面板中单击打开【形状图层 4】图层下方的【内容】/【椭圆 1】/【描边 1】，更改【颜色】为更浅一些的淡绿色，接着打开【效果】/【湍流置换】，更改【数量】为 120.0，【大小】为 40.0，设置【偏移（湍流）】为 (148.0,267.0)，将时间线拖动到结束帧位置，更改【演化】参数为 0x+235.0°，如图 15.81 所示。

图 15.81

步骤 16 本综合实例制作完成，拖动时间线查看画面效果，如图 15.82 所示。

图 15.82

练习实例 15.1：制作动感光效文字

扫一扫，看视频

文件路径：第 15 章　光效效果综合实例→练习实例：制作动感光效文字

本练习实例首先使用【光束】效果绘制一个蓝白色光效，接着绘制文字，为文字添加 CC Light Burst 2.5 效果并制作动画，效果如图 15.83 所示。

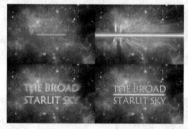

图 15.83

练习实例 15.2：制作扫光文字动画

扫一扫，看视频

文件路径：第 15 章　光效效果综合实例→练习实例：制作扫光文字动画

本练习实例主要使用【文字动画预设】及 CC Light Wipe 效果制作文字效果，效果如图 15.84 所示。

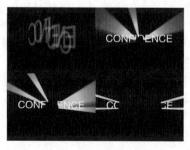

图 15.84

练习实例15.3：使用【镜头光晕】效果制作文字片头

文件路径：第15章　光效效果综合实例→练习实例：使用【镜头光晕】效果制作文字片头

扫一扫，看视频

本练习实例主要使用【镜头光晕】效果制作光斑动效，使用【高斯模糊】效果制作光晕的模糊效果，使用【曲线】效果调整光晕颜色及亮度值，效果如图15.85所示。

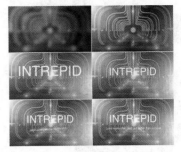

图 15.85

扫一扫，看视频

粒子效果综合实例

本章内容简介：

　　粒子是After Effects中非常重要的一个部分，它可以快速模拟出多种抽象的、迷幻的粒子效果，与光效搭配使用可以制作出非常梦幻的效果，而且应用的技术比较简单，主要使用CC Particle World、CC Particle Systems II和Particular等，还可以搭配其他的滤镜进行制作。

重点知识掌握：

　　不同类型的粒子的制作方法

综合实例16.1：使用粒子流动特效制作文本动态效果

扫一扫，看视频

文件路径：第16章　粒子效果综合实例→综合实例：使用粒子流动特效制作文本动态效果

本综合实例主要使用【渐变叠加】效果制作背景画面，使用【外发光】及【斜面和浮雕】效果为文字添加特殊效果，最后新建纯色图层，使用【粒子运动场】效果制作发散式粒子状态，效果如图16.1所示。

图 16.1

步骤 01 在【项目】面板中右击，选择【新建合成】命令，在弹出的【合成设置】窗口中设置【合成名称】为【合成1】，【预设】为【NTSC D1方形像素】，【宽度】为720，【高度】为534，【像素长宽比】为【方形像素】，【帧速率】为29.97，【分辨率】为【完整】，【持续时间】为5秒。在【时间轴】面板的空白位置处右击，执行【新建】/【纯色】命令。在弹出的【纯色设置】窗口中设置【名称】为【青色 纯色1】，【颜色】为青色，如图16.2所示。

步骤 02 在【时间轴】面板中单击选中【青色 纯色1】图层，并将光标定位在该图层上，右击，执行【图层样式】/【渐变叠加】命令，如图16.3所示。

图 16.2

图 16.3

步骤 03 在【时间轴】面板中单击打开【青色 纯色1】图层下方的【图层样式】/【渐变叠加】，单击【颜色】后方的【编辑渐变】按钮，在弹出的【渐变编辑器】窗口中分别单击左右两个色标选取颜色，编辑一个由青色到深蓝色的渐变，接着设置【样式】为【反射】，如图16.4所示。将【时间线】拖动到起始帧位置，单击【缩放】前的 ⏱（时间变化秒表）按钮，设置【缩放】为150.0%；将时间线拖动到1秒位置，设置【缩放】为30.0%；继续将时间线拖动到1秒15帧位置，设置【缩放】为74.0%，如图16.5所示。

图 16.4

图 16.5

步骤 04 拖动时间线查看当前画面效果，如图16.6所示。

步骤 05 制作文字部分。在【时间轴】面板的空白位置处右击，执行【新建】/【文本】命令。在【字符】面板中设置合适的【字体系列】，设置【填充】为白色，【描边】为无，【字体大小】为80像素，在【段落】面板中选

择 ☰（居中对齐文本），设置完成后在画面合适位置输入文字DESIDN WORLD，当第一个单词中的最后一个字母N输入完成后，按Enter键切换至下一行，接着多次按空格键调整文字位置并输入第二个单词，如图16.7所示。

图 16.6

图 16.7

步骤 06 在工具栏中选择 T（横排文字工具），接着选中字母D，在【字符】面板中更改【字体大小】为170像素，此时字母变大了，继续选中字母S，更改【字体大小】为105像素，如图16.8和图16.9所示。

步骤 07 使用同样的方法选中字母R，在【字符】面板中更改【字体大小】为115像素，如图16.10所示。

步骤 08 在【时间轴】面板中单击选中当前文本图层，并将光标定位在该图层上，右击，执行【图层样式】/【斜面和浮雕】命令，如图16.11所示。

图 16.8

图 16.9

图 16.10

图 16.11

步骤 09 在【时间轴】面板中单击打开文本图层下方的【图层样式】/【斜面和浮雕】，设置【大小】为10.0，【阴影颜色】为深蓝色，如图16.12所示。继续在【时间轴】面板中单击选中当前文本图层，并将光标定位在该图层上，右击，执行【图层样式】/【外发光】命令，如图16.13所示。

步骤 10 在【时间轴】面板中单击打开文本图层下方的【图层样式】/【外发光】，设置【混合模式】为【正常】，【颜色】为中黄色，【扩展】为20.0%，【大小】为7.0，如图16.14所示。接着展开【变换】，设置【位置】为（320.0,243.0），将【时间线】拖动到1秒位置，单击【缩放】前的 ⏱（时间变化秒表）按钮，设置【缩放】为（0.0,0.0%）；将时间线拖动到2秒位置，设置【缩放】为（115.0,115.0%）；继续将时间线拖动到2秒20帧位置，设置【缩放】为（100.0,100.0%），如图16.15所示。

图 16.12

图 16.13

图 16.14

图 16.15

步骤 11 此时，拖动时间线查看当前文字效果，如图16.16所示。

图 16.16

步骤 12 在【时间轴】面板的空白位置处右击，执行【新建】/【纯色】命令，在弹出的【纯色设置】窗口中设置【名称】为【黄色 纯色 1】，【颜色】为柠檬黄，如图16.17所示。

步骤 13 制作粒子效果。在【效果和预设】面板中搜索【粒子运动场】，将该效果拖曳到【时间轴】面板的【黄色 纯色 1】图层上，如图16.18所示。

图 16.17

图 16.18

步骤 14 在【时间轴】面板中打开【黄色 纯色 1】图层下方的【效果】/【粒子运动场】/【发射】，设置【颜色】为淡黄色，将时间线拖动到起始帧位置，单击【圆筒半径】和【粒子半径】前的 ⏱（时间变化秒表）按钮，设置【圆筒半径】为300.00，【粒子半径】为2.00。继续将时间线拖动到1秒位置，设置【粒子半径】为5.00，最后将时间线拖动到3秒位置，设置【圆筒半径】为1000.00，【粒子半径】为2.00。下面展开【排斥】，设置【力】为30.00，如图16.19所示。拖动时间线查看粒子效果，如图16.20所示。

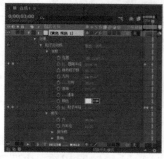 

图 16.19　　　　　　图 16.20

步骤 15 此时，粒子缺乏光感。在【时间轴】面板中单击选中当前纯色图层，并将光标定位在该图层上，右击，执行【图层样式】/【外发光】命令。在【时间轴】面板中打开【黄色 纯色 1】图层下方的【图层样式】/【外发光】，设置【不透明度】为100%，【颜色】为柠檬黄，【大小】为12.0，如图16.21所示。

步骤 16 本综合实例制作完成，拖动时间线查看画面效果，如图16.22所示。

图 16.21　　　　　　图 16.22

综合实例16.2：炫光粒子电影片头

扫一扫，看视频

文件路径：第16章 粒子效果综合实例→综合实例：炫光粒子电影片头

CC Particle World效果功能非常强大，可以模拟不同形状的粒子碎片。本综合实例使用该效果制作类似花瓣飞舞的画面效果，效果如图16.23所示。

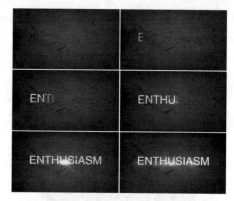

图 16.23

步骤 01 在【项目】面板中右击，选择【新建合成】命令，在弹出的【合成设置】窗口中设置【合成名称】为【合成1】，【预设】为HDTV 1080 25，【宽度】为1920，【高度】为1080，【像素长宽比】为【方形像素】，【帧速率】为25，【分辨率】为【完整】，【持续时间】为8秒。执行【文件】/【导入】/【文件】命令，在弹出的【导入文件】窗口中导入全部素材文件。接下来在【项目】面板中选择【背景.jpg】素材文件，将它拖曳到【时间轴】面板中，如图16.24所示。

图 16.24

步骤 02 制作画面的文字部分。在【时间轴】面板的空白位置处右击，执行【新建】/【文本】命令。在【字符】面板中设置合适的【字体系列】，【填充】为白色，【描边】为无，【字体大小】为200像素，在【段落】面板中选择▇（居中对齐文本），设置完成后输入文本内容，如图16.25所示。

图 16.25

步骤 03 在【时间轴】面板中单击打开文本图层下方的【变换】，设置【位置】为 (964.0,572.0)，如图 16.26 所示。此时，画面效果如图 16.27 所示。

图 16.26　　　　　　　　　图 16.27

步骤 04 在【效果和预设】面板搜索框中搜索【梯度渐变】，将该效果拖曳到【时间轴】面板的文本图层上，如图 16.28 所示。

图 16.28

步骤 05 在【时间轴】面板中选择文本图层，打开该图层下方的【效果】/【梯度渐变】，设置【渐变起点】为 (920.0,168.0)，【起始颜色】为浅灰色，【渐变终点】为 (820.0,150.0)，【结束颜色】为灰色，如图 16.29 所示。此时，文字效果如图 16.30 所示。

图 16.29　　　　　　　　　图 16.30

步骤 06 在【效果和预设】面板搜索框中搜索【线性擦除】，将该效果拖曳到【时间轴】面板的文本图层上，如图 16.31 所示。

图 16.31

步骤 07 在【时间轴】面板中选择文本图层，打开该图层下方的【效果】/【线性擦除】，设置【擦除角度】为 0x-90.0°，【羽化】为 40.0，将时间线拖动到 2 秒位置，单击【过渡完成】前的 ⏱ (时间变化秒表) 按钮，开启自动关键帧，设置【过渡完成】为 100%。继续将时间线拖动到 4 秒 13 帧位置，设置【过渡完成】为 0%，如图 16.32 所示。拖动时间线查看画面效果，如图 16.33 所示。

图 16.32　　　　　　　　　图 16.33

步骤 08 在【时间轴】面板中选择文本图层，使用快捷键 Ctrl+D 复制，如图 16.34 所示。

步骤 09 在【时间轴】面板中选择 ENTHUSIASM 2 图层，在【字符】面板中将【填充】更改为淡黄色，如图 16.35 所示。

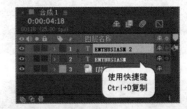

图 16.34

图 16.35

步骤 10 单击打开 ENTHUSIASM 2 图层，首先选择【梯度渐变】，按 Delete 键，删除该效果，接着单击打开【线性擦除】，将时间线拖动到 2 秒 05 帧位置，在【过渡完成】后方按住 Ctrl 键加选这两个关键帧，将其向右侧移动，使第一个关键帧移动到时间线位置，如图 16.36 所示。拖动时间线查看文字效果，如图 16.37 所示。

图 16.36   图 16.37

步骤 11 在【时间轴】面板的空白位置处右击，执行【新建】/【纯色】命令，此时在弹出的【纯色设置】窗口中设置【名称】为【洋红色 纯色 1】，【颜色】为洋红色，如图 16.38 所示。

步骤 12 在【效果和预设】面板搜索框中搜索 CC Particle World，将该效果拖曳到【时间轴】面板的纯色图层上，如图 16.39 所示。

图 16.38

图 16.39

步骤 13 在【时间轴】面板中选择纯色图层，打开该图层下方的【效果】/CC Particle World，将时间线拖动到 2 秒位置，单击 Birth Rate 前的 ◎（时间变化秒表）按钮，开启自动关键帧，设置 Birth Rate 为 0.0。继续将时间线拖动到 2 秒 04 帧位置，设置 Birth Rate 为 40.0，Longevity（sec）为 2.20；展开 Producer，设置 Radius X 为 3.500。将时间线拖动到 2 秒 10 帧位置，单击 Radius Y 前的 ◎（时间变化秒表）按钮，设置 Radius Y 为 0.050。继续将时间线拖动到 3 秒 10 帧位置，设置 Radius Y 为 10.000，Radius Z 为 2.280。下面展开 Physics，设置 Velocity 为 0.20，Gravity 为 0.000，Extra 为 0.00，Extra Angle 为 0x+230.0 °，

如图 16.40 所示。下面展开 Particle，设置 Particle Type 为 Lens Convex，Birth Size 为 0.130，Death Size 为 0.170，Size Variation 为 10.0%，Max Opacity 为 40.0%，如图 16.41 所示。

图 16.40   图 16.41

步骤 14 绘制蒙版。在【时间轴】面板中选择纯色图层，然后在工具栏中选择 ▢（矩形工具），将光标移动到【合成】面板的文字上方，在合适的位置按住鼠标左键拖动，绘制一个矩形蒙版，如图 16.42 所示。

步骤 15 在【效果和预设】面板搜索框中搜索【湍流置换】，将该效果拖曳到【时间轴】面板的纯色图层上，如图 16.43 所示。

图 16.42

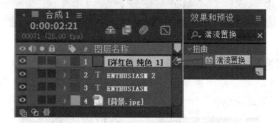

图 16.43

步骤 16 在【时间轴】面板中选择纯色图层，打开该图层下方的【效果】/【湍流置换】，设置【数量】为 180.0，【大小】为 15.0，如图 16.44 所示。此时，光斑发生变化，效果如图 16.45 所示。

中文版 After Effects 2023 从入门到实战（全程视频版）（下册）

图 16.44　　　　　　　图 16.45

步骤 17 在【效果和预设】面板搜索框中搜索CC Light Burst 2.5，将该效果拖曳到【时间轴】面板的纯色图层上，如图16.46所示。

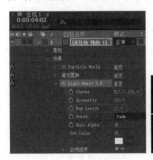

图 16.46

步骤 18 在【时间轴】面板中选择纯色图层，打开该图层下方的【效果】/CC Light Burst 2.5，设置Center为（917.0,536.0），Ray Length为17.0，如图16.47所示。拖动时间线查看画面效果，如图16.48所示。

图 16.49

图 16.50

图 16.47　　　　　　　图 16.48

步骤 19 在【时间轴】面板的空白位置处右击，执行【新建】/【纯色】命令，此时，在弹出的【纯色设置】窗口中设置【名称】为【深 洋红色 纯色 1】，【颜色】为较深的洋红色，如图16.49所示。

步骤 20 在【项目】面板中依次选择1.png和2.png素材文件，将其拖曳到【时间轴】面板中，并设置这两个图层的【模式】为【相加】，如图16.50所示。

步骤 21 在【时间轴】面板中选择1.png图层，打开该图层下方的【变换】，设置【缩放】为（120.0,120.0%），将时间线拖动到4秒位置，单击【位置】前的 ⏱（时间变化秒表）按钮，开启自动关键帧，设置【位置】为（−980.0,540.0）。继续将时间线拖动到4秒15帧位置，设置【位置】为（1295.0,540.0），如图16.51所示。接着打开2.png图层下方的【变换】，将时间线拖动到3秒05帧位置，单击【不透明度】前的 ⏱（时间变化秒表）按钮，设置【不透明度】为0%。继续将时间线拖动到4秒位置，设置【不透明度】为100%。最后将时间线拖动到6秒位置，设置【不透明度】为0%，如图16.52所示。

图 16.51　　　　　　　图 16.52

步骤 22 本综合实例制作完成，拖动时间线查看画面效果，如图16.53所示。

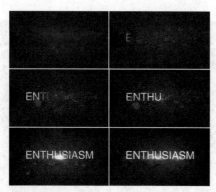

图 16.53

练习实例：超时空粒子碎片片头特效

扫一扫，看视频

文件路径：第16章 粒子效果综合实例→练习实例：超时空粒子碎片片头特效

本练习实例使用CC Particle World效果制作飞舞的正方体效果，使用【镜头光晕】

效果制作晃动的光照现象，效果如图16.54所示。

图 16.54

Chapter

17

第17章

扫一扫，看视频

广告动画综合实例

本章内容简介：

广告动画是After Effects重要的应用领域之一，After Effects中大量的效果可以模拟不同的画面质感，配合关键帧动画则会创建出动画的更多可能性。在本章中将重点对MG动画、产品动画、饼图动画的制作等实例进行学习。

重点知识掌握：

- MG动画的制作
- 产品动画的制作
- 饼图动画的制作

综合实例17.1：朋友圈美肤直播课广告

扫一扫，看视频

文件路径：第17章 广告动画综合实例→综合实例：朋友圈美肤直播课广告

本综合实例首先在画面中绘制形状，接着使用蒙版制作金色边框，最后使用动画预设制作文字动效，效果如图17.1所示。

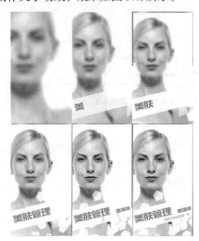

图 17.1

步骤 01 在【项目】面板中右击，选择【新建合成】命令，在弹出的【合成设置】窗口中设置【合成名称】为【合成1】，【预设】为【自定义】，【宽度】为1080，【高度】为1920，【像素长宽比】为【方形像素】，【帧速率】为30，【分辨率】为【完整】，【持续时间】为10秒。接着执行【文件】/【导入】/【文件】命令，导入背景和美女图片素材，如图17.2所示。

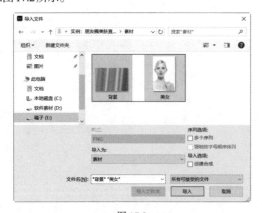

图 17.2

步骤 02 在【项目】面板中将【美女.jpg】素材拖曳到【时间轴】面板中，如图17.3所示。在【效果和

预设】面板中搜索【高斯模糊】效果，将该效果拖曳到【时间轴】面板的【美女.jpg】图层上，如图17.4所示。

图 17.3   图 17.4

步骤 03 将时间线拖动到起始帧位置，在【时间轴】面板中单击打开【美女.jpg】图层下方的【变换】，设置【位置】为（544.0,912.0），单击【缩放】前面的关键帧，设置【缩放】为（200.0,200.0%）。将时间线拖动到1秒位置，设置【缩放】为（130.0,130.0%），接着展开【效果】/【高斯模糊】，再次将时间线拖动到起始帧位置，并启【模糊度】关键帧，设置【模糊度】为50.0。继续将时间线拖动到3秒位置，设置【模糊度】为0.0，如图17.5所示。此时，画面效果如图17.6所示。

图 17.5   图 17.6

步骤 04 绘制形状。在工具栏中选择 ✎（钢笔工具），设置【填充】为白色，【描边】为无，接着在画面下方绘制一个四边形，如图17.7所示。将时间线拖动到起始帧位置，在【时间轴】面板中单击打开【形状图层1】图层下方的【变换】，在当前位置开启【不透明度】关键帧，设置【不透明度】为0%，将时间线拖动到1秒位置，设置【不透明度】为100%，如图17.8所示。

图 17.7   图 17.8

中文版After Effects 2023从入门到实战（全程视频版）（下册）

步骤 05 选择【形状图层 1】图层，使用快捷键Ctrl+D复制图层，如图17.9所示。接着单击打开【形状图层 2】图层下方的【变换】，关闭【不透明度】关键帧，设置【不透明度】为50%，将时间线拖动到10帧位置，开启【位置】关键帧，设置【位置】为（1670.0,905.0）；将时间线拖动到1秒15帧位置，设置【位置】为（1290.0,905.0），如图17.10所示。

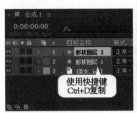

图 17.9　　　　　　　图 17.10

步骤 06 拖动时间线查看画面效果，如图17.11所示。

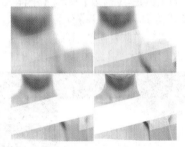

图 17.11

步骤 07 在【时间轴】面板的空白位置处右击，执行【新建】/【形状图层】命令，如图17.12所示。在工具栏中选择（多边形工具），设置【填充】为白色，【描边】为无，然后在画面右下角绘制多个五边形，如图17.13所示。

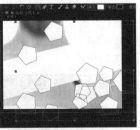

图 17.12　　　　　　　图 17.13

步骤 08 在【效果和预设】面板中搜索【色调】效果，将该效果拖曳到【时间轴】面板的【形状图层 3】图层上，如图17.14所示。单击打开【形状图层 3】图层下方的【效果】/【色调】，设置【将黑色映射到】为黄色，【将白色映射到】为深黄色。接着展开【变换】属性，将时间线拖动到20帧

位置，开启【旋转】关键帧，设置【旋转】为0x-90.0°；继续将时间线拖动到2秒位置，设置【旋转】为0x+0.0°，在当前位置开启【不透明度】关键帧，设置【不透明度】为100%；将时间线拖动到3秒位置，设置【不透明度】为0%；继续将时间线拖动到4秒15帧位置，设置【不透明度】为100%，接着设置【模式】为【相加】，如图17.15所示。

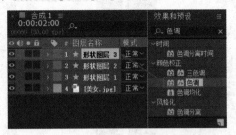

图 17.14

图 17.15

步骤 09 将【项目】面板中的【背景.png】素材拖曳到【时间轴】面板的最上层，如图17.16所示。在【时间轴】面板中单击打开【背景.png】图层下方的【变换】，设置【缩放】为（269.0,269.0%），如图17.17所示。

图 17.16　　　　　　　图 17.17

步骤 10 在【背景.png】图层上绘制蒙版。选择【背景.png】图层，在工具栏中选择（矩形工具），接着在画面中按住鼠标左键绘制一个与画面较小一些的矩形，在【背景.png】图层下方展开【蒙版】/【蒙版 1】，勾选【反转】复选框，如图17.18所示。

步骤 11 在【时间轴】面板下方的空白位置处单击，使光标不选择任何图层。在工具栏中再次选择【矩形工具】，设置【填充】为白色，【描边】为无，在【合成】面板中绘制一个大矩形，如图17.19所示。

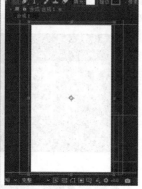

图 17.18　　　　　　图 17.19

步骤 12 在【时间轴】面板中单击打开【形状图层 4】图层下方的【变换】，将时间线拖动到起始帧位置，开启【位置】关键帧，设置【位置】为(544.0,-1052.0)；将时间线拖动到25帧位置，设置【位置】为(544.0,-970.0)；将时间线拖动到1秒20帧位置，设置【位置】为(590.0,902.0)；将时间线拖动到2秒15帧位置，设置【位置】为(593.0,942.0)；将时间线拖动到3秒15帧位置，设置【位置】为(540.0,-680.0)；最后将时间线拖动到4秒20帧位置，设置【位置】为(540.0,952.0)，如图17.20所示。

图 17.20

步骤 13 制作晃动的边框。在【时间轴】面板中选择【背景.png】图层，设置【选择轨道遮罩层】为【形状图层4】，如图17.21所示。拖动时间线查看画面效果，如图17.22所示。

图 17.21

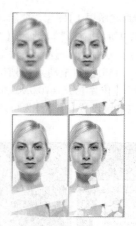

图 17.22

步骤 14 制作文字部分。在工具栏中选择 T（横排文字工具），在【字符】面板中设置合适的【字体系列】，设置【填充】为土黄色，【描边】为无，【字体大小】为180像素，在【段落】面板中选择 ▤（居中对齐文本），接着画面中输入文字"美肤管理 直播课"，再次选择文字"直播课"，更改【字体大小】为90像素，如图17.23所示。

图 17.23

步骤 15 在【时间轴】面板中单击打开当前文本图层下方的【变换】，设置【位置】为(556.0,1582.0)，【旋转】为0x-13.0°，设置文字图层的起始时间为第16帧，如图17.24所示。

图 17.24

步骤 16 将时间线拖动到16帧位置，在【效果和预设】面板中搜索【打字机】效果，将该效果拖曳到【时间轴】面板的"美肤管理 直播课"文字图层上，如图17.25所示。此时，文字效果如图17.26所示。

图 17.25　　　　　　　图 17.26

步骤 17 在工具栏中再次选择 T（横排文字工具），在【字符】面板中设置合适的【字体系列】，设置【填充】为裸色，【描边】为无，【字体大小】为50像素，【行距】为222像素，设置完成后在画面中输入文字"我的美肤秘籍第一课"，如图17.27所示。

图 17.27

步骤 18 在【时间轴】面板中单击打开"我的美肤秘籍第一课"文字图层下方的【变换】，设置【位置】为(796.0,1606.0)，【旋转】为0x-13.0°，如图17.28所示。此时，文字效果如图17.29所示。

图 17.28　　　　　　　图 17.29

步骤 19 将时间线拖动到4秒位置，在【效果和预设】面板中搜索【3D 随机固定翻滚】效果，将该效果拖曳到【时间轴】面板的"我的美肤秘籍第一课"文字图层上，如图17.30所示。此时，文字效果如图17.31所示。

图 17.30　　　　　　　图 17.31

步骤 20 本综合实例制作完成，拖动时间线查看画面效果，如图17.32所示。

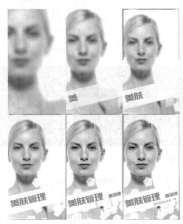

图 17.32

综合实例17.2：制作扁平化少儿教育机构动画

文件路径：第17章 广告动画综合实例→综合实例：制作扁平化少儿教育机构动画

本综合实例主要使用【渐变叠加】效果制作矩形内部的渐变效果，使用【卡片擦除】、CC Twister等效果制作图形之间的变换，最后在图形上方制作文字，效果如图17.33所示。

扫一扫，看视频

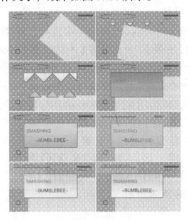

图 17.33

步骤 01 在【项目】面板中右击，选择【新建合成】命令，在弹出的【合成设置】窗口中设置【合成名称】为【合成1】，【预设】为HDTV 1080 24，【宽度】为1920，【高度】为1080，【像素长宽比】为【方形像素】，【帧速率】为24，【分辨率】为【完整】，【持续时间】为7秒，【颜色】为橙色。执行【文件】/【导入】/【文件】命令，导入1.png素材文件。在【项目】面板中将1.png素材文件拖曳到【时间轴】面板中，如图17.34所示。

步骤 02 在【时间轴】面板中单击打开1.png图层下方的【变换】，设置【缩放】为（67.0,67.0%），【不透明度】为80%，如图17.35所示。

图 17.34　　　　　　　　　　图 17.35

步骤 03 此时，画面效果如图17.36所示。

步骤 04 在工具栏中选择 ▉（矩形工具），设置【填充】为白色，【描边】为无，接着在画面右下角绘制一个矩形，如图17.37所示。

图 17.36　　　　　　　　　　图 17.37

步骤 05 在【时间轴】面板中单击打开【形状图层1】图层下方的【变换】，首先设置【不透明度】为60%，将时间线拖动到起始帧位置，单击【位置】及【旋转】前的 ◎（时间变化秒表）按钮，开启自动关键帧，设置【位置】为（1423.0,540.0），【旋转】为0x+40.0°；将时间线拖动到13帧位置，设置【位置】为（1125.0,540.0）；将时间线拖动到20帧位置，设置【位置】为（1125.0,1000.0），【旋转】为0x+0.0°；最后将时间线拖动到1秒10帧位置，设置【位置】为（953.0,540.0），如图17.38所示。此时，画面效果如图17.39所示。

图 17.38　　　　　　　　　　图 17.39

步骤 06 在工具栏中继续选择 ▉（矩形工具），设置【填充】为淡黄色，【描边】为无，接着在画面中再次绘制一个矩形形状，如图17.40所示。

图 17.40

步骤 07 在【时间轴】面板中选择【形状图层2】图层，右击，执行【图层样式】/【渐变叠加】命令，如图17.41所示。将时间线拖动到1秒10帧位置，单击【颜色】前的 ◎（时间变化秒表）按钮，开启自动关键帧，接着单击【颜色】后方的【编辑渐变】按钮，在弹出的【渐变编辑器】窗口中编辑一个由肤色到黄色的渐变，如图17.42所示。

图 17.41

图 17.42

步骤 08 继续将时间线拖动到2秒10帧位置，单击【颜色】后方的【编辑渐变】按钮，在弹出的【渐变编辑器】窗口中编辑一个由肤色到蓝色的渐变，如图17.43所示。将时间线拖动到3秒10帧位置，单击【颜色】后方的【编辑渐变】按钮，在弹出的【渐变编辑器】窗口中编辑一个灰色到淡黄色的渐变，如图17.44所示。

图 17.43　　　　　　　图 17.44

步骤 09 将时间线拖动到4秒10帧位置，单击【颜色】后方的【编辑渐变】按钮，在弹出的【渐变编辑器】窗口中编辑一个由浅蓝色到浅绿色的渐变，如图17.45所示。最后将时间线拖动到5秒10帧位置，单击【颜色】后方的【编辑渐变】按钮，在弹出的【渐变编辑器】窗口中编辑一个黄色系渐变，如图17.46所示。

 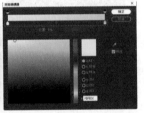

图 17.45　　　　　　　图 17.46

步骤 10 继续选择【形状图层 2】图层，右击，执行【图层样式】/【描边】命令，如图17.47所示。

图 17.47

步骤 11 单击打开【形状图层 2】图层下方的【图层样式】/【描边】，设置【颜色】为灰色，【大小】为12.0，如图17.48所示。此时，拖动时间线查看画面效果，如图17.49所示。

 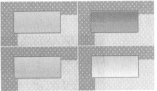

图 17.48　　　　　　　图 17.49

步骤 12 在【效果和预设】面板搜索框中搜索CC Jaws，将该效果拖曳到【时间轴】面板的【形状图层 2】图层上，如图17.50所示。

图 17.50

步骤 13 打开【形状图层 2】图层下方的【效果】/CC Jaws，将时间线拖动到10帧位置，单击Completion前的 ◎（时间变化秒表）按钮，开启自动关键帧，设置Completion为100.0%；继续将时间线拖动到1秒10帧位置，设置Completion为0.0%，如图17.51所示。此时，拖动时间线查看画面效果，如图17.52所示。

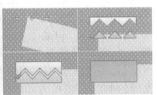

图 17.51　　　　　　　图 17.52

步骤 14 在【时间轴】面板的空白位置处右击，执行【新建】/【文本】命令。在【字符】面板中设置合适的【字体系列】，设置【填充】为粉红色，【描边】为无，【字体大小】为100像素，在【段落】面板中选择 ▤（居中对齐文本），接着在画面中输入文字，如图17.53所示。

图 17.53

步骤 15 将时间线拖动到起始帧位置，在【效果和预设】面板搜索框中搜索【3D 随机固定翻滚】，将该效果拖曳到【时间轴】面板的文本图层上，如图17.54所示。

图 17.54

步骤 16 此时，文本自动生成动画效果。接着调整文字位置，单击打开该文本图层下方的【变换】，设置【位置】为（656.0,452.0,0.0），如图17.55所示。拖动时间线查看文字效果，如图17.56所示。

 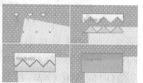

图 17.55　　　　　　　　图 17.56

步骤 17 继续制作文字内容。在【时间轴】面板的空白位置处右击，执行【新建】/【文本】命令，在【字符】面板中设置合适的【字体系列】，设置【填充】为蓝色，【描边】为无，【字体大小】为100像素，接着在画面中输入文字-BUMBLEBEE-，如图17.57所示。

步骤 18 将时间线拖动到2秒15帧位置，在【效果和预设】面板搜索框中搜索【3D 居中反弹】，将该效果拖曳到【时间轴】面板的-BUMBLEBEE-文本图层上，如图17.58所示。

图 17.57

图 17.58

步骤 19 同样调整-BUMBLEBEE-文本图层的位置。在【时间轴】面板中单击打开-BUMBLEBEE-文本图层下方的【变换】，设置【位置】为（948.0,652.0,0.0），如图17.59所示。此时，拖动时间线查看文本效果，如图17.60所示。

图 17.59　　　　　　　　图 17.60

步骤 20 在画面左上角绘制一个形状。在工具栏中选择 ▢（矩形工具），设置【填充】为孔雀蓝，【描边】为无，接着在画面左上角按住鼠标左键绘制一个矩形，如图17.61所示。

步骤 21 在【效果和预设】面板搜索框中搜索【卡片擦除】，将该效果拖曳到【时间轴】面板的【形状图层 3】图层上，如图17.62所示。

图 17.61　　　　　　　　图 17.62

步骤 22 打开【形状图层 3】图层下方的【效果】/【卡片擦除】，将时间线拖动到3秒位置，单击【过渡完成】前的 ◎（时间变化秒表）按钮，开启自动关键帧，设置【过渡完成】为35%；将时间线拖动到3秒10帧位置，设置【过渡完成】为38%；将时间线拖动到3秒20帧位置，设置【过渡完成】为35%；最后将时间线拖动到4秒15帧位置，设置【过渡完成】为100%。接着设置【翻转轴】为X，【翻转方向】为【正向】，【翻转顺序】为【从左到右】，如图17.63所示。此时，拖动时间线查看画面效果，如图17.64所示。

步骤 23 绘制点缀形状。在工具栏中选择 ▢（矩形工具），设置【填充】为无，【描边】为洋红色，【描边宽度】为12像素，接着在画面左下角绘制一个正方形，使用同样的方法更改【描边】颜色为蓝色和青色，在画面右上角合适位置绘制两个长方形，如图17.65所示。

中文版After Effects 2023从入门到实战（全程视频版）（下册）

图 17.63　　　　　　　图 17.64

图 17.65

步骤 24 在【效果和预设】面板搜索框中搜索CC Twister，将该效果拖曳到【时间轴】面板的【形状图层 4】图层上，如图 17.66 所示。

图 17.66

步骤 25 打开【形状图层 4】图层下方的【效果】/ CC Twister，将时间线拖动到3秒10帧位置，单击Completion前的（时间变化秒表）按钮，开启自动关键帧，设置Completion为0.0%；继续将时间线拖动到5秒15帧位置，设置Completion为100.0%，接着设置Center为(975.0,540.0)，Axis为0x-1.0°，如图 17.67 所示。此时，拖动时间线查看画面效果，如图 17.68 所示。

步骤 26 在左上角矩形上方制作文字。在【时间轴】面板的空白位置处右击，执行【新建】/【文本】命令，在【字符】面板中设置合适的【字体系列】，设置【填充】为灰色，【描边】为无，【字体大小】为40像素，接着在画面中输入文字内容，如图 17.69 所示。

图 17.67　　　　　　　图 17.68

图 17.69

步骤 27 在【时间轴】面板中单击打开当前文本图层下方的【变换】，设置【位置】为(432.0,75.0)，将时间线拖动到4秒05帧位置，单击【缩放】【旋转】前的（时间变化秒表）按钮，设置【缩放】为(0.0,0.0%)，【旋转】为1x+0.0°。将时间线拖动到4秒20帧位置，设置【缩放】为(100.0,100.0%)，【旋转】为0x+0.0°，如图 17.70 所示。拖动时间线查看画面效果，如图 17.71 所示。

图 17.70　　　　　　　图 17.71

步骤 28 在【时间轴】面板的空白位置处右击，执行【新建】/【纯色】命令。此时，在弹出的【纯色设置】窗口中设置【名称】为【白色纯色 1】，【颜色】为白色，如图 17.72 所示。

图 17.72

步骤 29 在【时间轴】面板中单击打开【白色 纯色1】图层下方的【变换】，将时间线拖动到4秒位置，单击【缩放】前的 ◎（时间变化秒表）按钮，设置【缩放】为（0.0，0.0%）；继续将时间线拖动到4秒15帧位置，设置【缩放】为（100.0，100.0%），接着单击【位置】前的 ◎（时间变化秒表）按钮，设置【位置】为（960.0，540.0）；将时间线拖动到5秒位置，设置【位置】为（−195.0，540.0）；最后将时间线拖动到5秒15帧位置，设置【位置】为（−39.0，−303.0），【不透明度】为50%，如图17.73所示。拖动时间线查看画面效果，如图17.74所示。

 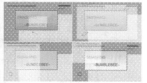

图 17.73　　　　　　　　　图 17.74

步骤 30 在【效果和预设】面板搜索框中搜索【百叶窗】，将该效果拖曳到【时间轴】面板的【白色 纯色1】图层上，如图17.75所示。

步骤 31 在【时间轴】面板中单击打开【白色 纯色1】图层下方的【效果】/【百叶窗】，设置【过渡完成】为65%，如图17.76所示。

图 17.75　　　　　　　　　图 17.76

步骤 32 此时，动画效果如图17.77所示。

步骤 33 本综合实例制作完成，拖动时间线查看画面效果，如图17.78所示。

图 17.77　　　　　　　　　图 17.78

综合实例17.3：制作幻彩手机广告

扫一扫，看视频

文件路径：第17章 广告动画综合实例→综合实例：制作幻彩手机广告

本综合实例主要使用【颜色叠加】效果制作变色背景，使用【文字工具】及【形状工具】制作左侧信息部分，效果如图17.79所示。

图 17.79

步骤 01 在【项目】面板中右击，选择【新建合成】命令，在弹出的【合成设置】窗口中设置【合成名称】为【合成1】，【预设】为【自定义】，【宽度】为1500，【高度】为865，【像素长宽比】为【方形像素】，【帧速率】为25，【分辨率】为【完整】，【持续时间】为5秒。执行【文件】/【导入】/【文件】命令，导入1.png素材文件。在【时间轴】面板的空白位置处右击，执行【新建】/【纯色】命令。此时，在弹出的【纯色设置】窗口中设置【颜色】为浅橙色，如图17.80所示。

图 17.80

步骤 02 在【时间轴】面板中选择纯色图层，右击，执行【图层样式】/【颜色叠加】命令，如图17.81所示。

图 17.81

步骤 03 单击打开纯色图层下方的【图层样式】/【颜色叠加】，将时间线拖动到起始帧位置，单击【颜色】前方的 ◯（时间变化秒表）按钮，开启自动关键帧，设置【颜色】为淡紫色；将时间线拖动到1秒位置，设置【颜色】为浅蓝色；将时间线拖动到2秒位置，设置【颜色】为淡黄色；将时间线拖动到3秒位置，设置【颜色】为黄绿色；将时间线拖动到4秒位置，设置【颜色】为淡粉色，如图17.82所示。

步骤 04 将【项目】面板中的1.png素材文件拖曳到【时间轴】面板中，如图17.83所示。

图 17.82　　　　　　　　图 17.83

步骤 05 在【时间轴】面板中单击打开1.png图层下方的【变换】，设置【位置】为(1158.0,472.0)，如图17.84所示。此时，画面效果如图17.85所示。

图 17.84　　　　　　　　图 17.85

步骤 06 在【时间轴】面板的空白位置处右击，执行【新建】/【文本】命令，也可使用快捷键Ctrl+Shift+Alt+T进行新建。接着在【字符】面板中设置合适的【字体系列】，设置【填充】为白色，【描边】为无，【字体大小】为72像素，单击 **TT**（全部大写字母），在【段落】面板中选择 **▤**（居中对齐文本），接着在画面中输入文字TEMPOR INCIDIDUNT，如图17.86所示。

图 17.86

步骤 07 调整文字位置。在【时间轴】面板中单击打开

当前文本图层下方的【变换】，设置【位置】为(473.0,407.0)，如图17.87所示。此时，画面效果如图17.88所示。

图 17.87　　　　　　　　图 17.88

步骤 08 继续使用快捷键Ctrl+Shift+Alt+T新建文本，在【字符】面板中设置合适的【字体系列】，设置【填充】为白色，【描边】为无，【字体大小】为50像素，单击 **TT**（全部大写字母），接着在画面中输入文字PEACE，如图17.89所示。

图 17.89

步骤 09 在【时间轴】面板中单击打开peace文本图层下方的【变换】，设置【位置】为(187.0,330.0)，如图17.90所示。此时，画面效果如图17.91所示。

图 17.90　　　　　　　　图 17.91

步骤 10 在工具栏中选择 ◯（椭圆工具），设置【填充】为白色，【描边】为无，接着在主体文字下方按住Shift键的同时按住鼠标左键绘制一个正圆，如图17.92所示。在【时间轴】面板中选择【形状图层1】图层，使用快捷键Ctrl+D创建副本图层，如图17.93所示。

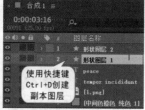

图 17.92   图 17.93

步骤 11 单击打开【形状图层 2】图层下方的【变换】，设置【位置】为（750.0,472.5），如图 17.94 所示。此时，画面效果如图 17.95 所示。

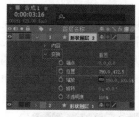

图 17.94   图 17.95

步骤 12 使用快捷键 Ctrl+Shift+Alt+T 新建文本，在【字符】面板中设置合适的【字体系列】，设置【填充】为白色，【描边】为无，【字体大小】为 20 像素，单击 **TT**（全部大写字母），然后分别在两个白色正圆右方输入文字，并适当调整文字位置，如图 17.96 所示。

步骤 13 在工具栏中选择 ▢（圆角矩形工具），设置【填充】为白色，【描边】为无，在画面中合适的位置绘制两个圆角矩形形状作为文字背景，如图 17.97 所示。

图 17.96   图 17.97

步骤 14 选择【形状图层 3】图层，右击，执行【图层样式】/【投影】命令，如图 17.98 所示。

图 17.98

步骤 15 单击打开【形状图层 3】图层下方的【图层样式】/【投影】，设置【不透明度】为 40%，如图 17.99 所示。此时，圆角矩形效果如图 17.100 所示。

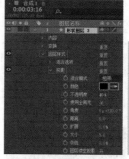

图 17.99   图 17.100

步骤 16 使用同样的方法继续使用快捷键 Ctrl+Shift+Alt+T 新建文本，并在【字符】面板中调整文字类型、颜色以及大小，调整完成后分别将文字移动到两个圆角矩形上方，如图 17.101 所示。

步骤 17 本综合实例制作完成，拖动时间线查看画面效果，如图 17.102 所示。

图 17.101   图 17.102

综合实例 17.4：制作淘宝鞋店宣传广告

文件路径：第 17 章　广告动画综合实例→综合实例：制作淘宝鞋店宣传广告

本综合实例主要使用【形状工具】及【文字工具】进行制作，使用【颜色叠加】效果制作文字按钮的闪烁效果，效果如图 17.103 所示。

扫一扫，看视频

图 17.103

步骤 01 在【项目】面板中右击，选择【新建合成】命令，在弹出的【合成设置】窗口中设置【合成名称】为【合成1】，【预设】为【自定义】，【宽度】为1600，【高度】为1100，【像素长宽比】为【方形像素】，【帧速率】为24，【分辨率】为【完整】，【持续时间】为5秒。执行【文件】/【导入】/【文件】命令，导入1.jpg、2.png素材文件。将【项目】面板中的1.jpg素材文件拖曳到【时间轴】面板中，如图17.104所示。

图 17.104

步骤 02 在【时间轴】面板中单击打开1.jpg图层下方的【变换】，设置【缩放】为（135.0,135.0%），如图17.105所示。此时，画面效果如图17.106所示。

图 17.105　　　　　　　图 17.106

步骤 03 在工具栏中选择█（矩形工具），设置【填充】为白色，【描边】为无，接着在画面中拖动鼠标绘制一个矩形，如图17.107所示。继续将【填充】更改为淡蓝色，在白色矩形上部分绘制一个合适的矩形，如图17.108所示。

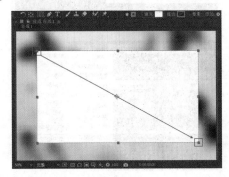

图 17.107

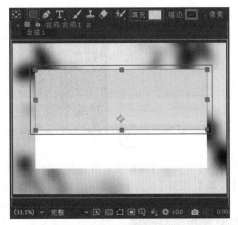

图 17.108

步骤 04 将【项目】面板中的2.png素材文件拖曳到【时间轴】面板的最上层，如图17.109所示。

图 17.109

步骤 05 在【时间轴】面板中单击打开2.png图层下方的【变换】，设置【位置】为（518.0,498.0），【缩放】为（47.0,47.0%），如图17.110所示。此时，画面效果如图17.111所示。

图 17.110　　　　　　　图 17.111

步骤 06 在【时间轴】面板的空白位置处右击，执行【新建】/【文本】命令，进行新建文本。接着在【字符】面板中设置合适的【字体系列】，设置【填充】为浅蓝色，【描边】为无，【字体大小】为330像素，【水平缩放】为60%，在【段落】面板中选择█（右对齐文本），接着在画面中输入数字2028，如图17.112所示。

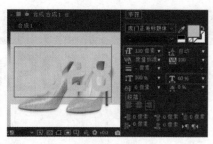

图 17.112

步骤 07 在【时间轴】面板中单击打开2028文本图层下方的【变换】，设置【位置】为（1430.0,580.0），如图17.113所示。此时，文字移动到画面右侧，如图17.114所示。

图 17.113

图 17.114

步骤 08 使用快捷键Ctrl+Shift+Alt+T继续新建文本，在【字符】面板中设置合适的【字体系列】，设置【填充】为白色，【描边】为无，【字体大小】为75像素，【水平缩放】为75%，然后单击 **TT**（全部大写字母），接着在画面中输入文字NEW COLLECTION，如图17.115所示。

图 17.115

步骤 09 继续调整文字位置。在【时间轴】面板中单击打开new collection文本图层下方的【变换】，设置【位置】为（1415.0,488.0），如图17.116所示。此时，文字移动到画面右侧，如图17.117所示。

步骤 10 在文字下方制作一条下划线。在工具栏中选择 ✎（钢笔工具），设置【填充】为无，【描边】为白色，【描边宽度】为7像素。接着在文字下方单击建立锚点，按住Shift键的同时按住鼠标左键绘制一条水平直线，如图17.118所示。接着选择【矩形工具】，设置【填充】为无，【描边】为浅蓝色，【描边宽度】为7像素，然后在画面中

合适位置绘制一个矩形框，如图17.119所示。

图 17.116

图 17.117

图 17.118

图 17.119

步骤 11 使用同样的方法使用快捷键Ctrl+Shift+Alt+T继续新建文本，在【字符】面板中设置合适的【字体系列】，设置【填充】为浅蓝色，【描边】为无，【字体大小】为62像素，【水平缩放】为75%，单击 **TT**（全部大写字母），接着在画面中输入文字SHOPPING并调整文字位置于矩形框内部，如图17.120所示。

步骤 12 在【时间轴】面板中选择shopping文本图层，右击，执行【图层样式】/【颜色叠加】命令，如图17.121所示。

图 17.120

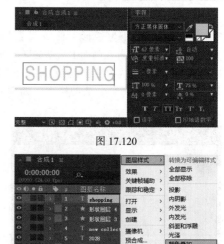

图 17.121

步骤 13 在【时间轴】面板中单击打开shopping文本图层下方的【图层样式】/【颜色叠加】，将时间线拖动到起始帧位置，单击【颜色】前方的◎(时间变化秒表)按钮，设置【颜色】为青色，此时在起始帧位置自动出现关键帧，如图17.122所示。继续将时间线拖动到1秒位置，设置【颜色】为黄色，将时间线拖动到2秒位置，设置【颜色】为浅橙色，最后将时间线拖动到3秒位置，设置【颜色】为浅蓝色，如图17.123所示。

图 17.122　　　　　图 17.123

步骤 14 拖动时间线查看画面效果，如图17.124所示。

图 17.124

步骤 15 在【时间轴】面板中选择【形状图层4】和shopping文本图层，使用快捷键Ctrl+Shift+C进行预合成，在弹出的【预合成】窗口中设置【新合成名称】为【预合成1】，如图17.125所示。此时，在【时间轴】面板中得到预合成图层，如图17.126所示。

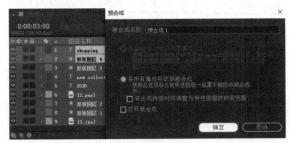

图 17.125

图 17.126

步骤 16 单击打开【预合成1】图层下方的【变换】，将时间线拖动到起始帧位置，单击【缩放】前方的◎(时间变化秒表)按钮，设置【缩放】为(100.0,100.0%)，将时间线拖动到1秒位置，设置【缩放】为(115.0,115.0%)，将时间线拖动到2秒位置，设置【缩放】为(100.0,100.0%)，将时间线拖动到3秒位置，设置【缩放】为(115.0,115.0%)，最后将时间线拖动到4秒位置，设置【缩放】为(100.0,100.0%)，如图17.127所示。

步骤 17 本综合实例制作完成，拖动时间线查看画面效果，如图17.128所示。

图 17.127

图 17.128

练习实例17.1：果蔬电商广告动画

文件路径： 第17章　广告动画综合实例→练习实例：果蔬电商广告动画

本练习实例主要使用亮度和对比度将人物图片调亮，使用位置、缩放、不透明度属性以及【百叶窗】【波形变形】等效果制作出动画效

扫一扫，看视频

果，效果如图17.129所示。

图 17.129

练习实例17.2：化妆品广告动画

扫一扫，看视频

文件路径：第17章 广告动画综合实例→练习实例：化妆品广告动画

本练习实例主要使用【曲线】效果及【自然饱和度】效果调整背景色调，使用【卡片擦除】效果制作化妆品动画效果，然后使用【文字工具】效果输入文本内容，最后使用【钢笔工具】制作箭头形状并赋予这些元素动画效果，效果如图17.130所示。

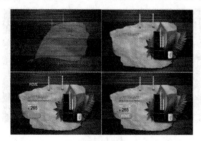

图 17.130

练习实例17.3：香水产品广告动画

扫一扫，看视频

文件路径：第17章 广告动画综合实例→练习实例：香水产品广告动画

本练习实例主要使用【亮度和对比度】

效果调整背景画面的光感，使用【抠像】效果去除主体物的绿色背景，最后使用【形状工具】及【文字工具】丰富画面，效果如图17.131所示。

图 17.131

练习实例17.4：制作撞色锁屏界面

扫一扫，看视频

文件路径：第17章 广告动画综合实例→练习实例：制作撞色锁屏界面

本练习实例主要使用【颜色叠加】及【蒙版】效果制作手机界面背景部分，并添加关键帧制作动画效果，效果如图17.132所示。

图 17.132

中文版After Effects 2023从入门到实战（全程视频版）（下册）

Chapter 18

第18章

影视栏目包装综合实例

本章内容简介:

影视栏目包装是指对影视类作品进行后期包装设计的过程,常见的包括电视节目、栏目、频道、自媒体视频、广告片头的包装,目的是突出节目、栏目、频道的个性特征和特点。本章将重点学习多种影视栏目包装案例。

重点知识掌握:

- 电视节目包装设计
- 影视片头设计

综合实例 18.1：新闻栏目包装

扫一扫，看视频

文件路径：第18章 影视栏目包装综合实例→综合实例：新闻栏目包装

本综合实例首先使用【颜色叠加】效果制作背景，接着使用文字动画预设制作文字动效，使用【定向模糊】及【翻转】效果制作文字倒影效果，效果如图18.1所示。

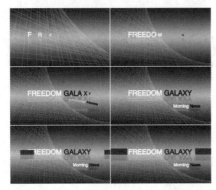

图 18.1

步骤 01 在【项目】面板中右击，选择【新建合成】命令，在弹出的【合成设置】窗口中设置【合成名称】为【合成1】，【预设】为HDTV 1080 24，【宽度】为1920，【高度】为1080，【像素长宽比】为【方形像素】，【帧速率】为24，【分辨率】为【完整】，【持续时间】为10秒。在【时间轴】面板的空白位置处右击，执行【新建】/【纯色】命令。此时，在弹出的【纯色设置】窗口中设置【名称】为【黑色 纯色 1】，【颜色】为黑色，如图18.2所示。

图 18.2

步骤 02 在【时间轴】面板中选择【黑色 纯色 1】图层，右击，在弹出的快捷菜单中执行【图层样式】/【渐变叠加】命令，如图18.3所示。

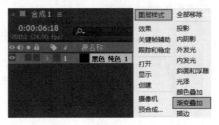

图 18.3

步骤 03 在【时间轴】面板中单击打开【黑色 纯色 1】图层下方的【图层样式】/【渐变叠加】，接着单击【颜色】后方的【编辑渐变】按钮，在弹出的【渐变编辑器】窗口中编辑一个由浅蓝色到湖蓝色的渐变，然后设置【样式】为【反射】，如图18.4所示。此时，画面效果如图18.5所示。

步骤 04 执行【文件】/【导入】/【文件】命令，导入1.png素材文件。在【项目】面板中将1.png素材文件拖曳到【时间轴】面板中，如图18.6所示。

图 18.4

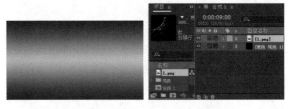

图 18.5　　　　　　　图 18.6

步骤 05 在【时间轴】面板中选择1.png图层，打开该图层下方的【变换】，设置【位置】为（782.0,916.0），【旋转】为0x–270.0°，【不透明度】为28%。将时间线拖动到起始帧位置，单击【缩放】前的 (时间变化秒表)按钮，开启自动关键帧，设置【缩放】为（400.0,400.0%）。继续将时间线拖动到20帧位置，设置【缩放】为（80.0,80.0%），如图18.7所示。此时，拖动时间线查看画面效果，如图18.8所示。

中文版After Effects 2023从入门到实战（全程视频版）（下册）

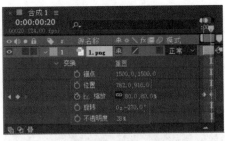

图 18.7

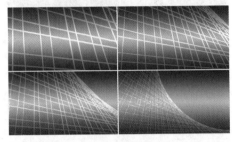

图 18.8

步骤 06 在【时间轴】面板中选择1.png图层，在图层上方右击，执行【图层样式】/【颜色叠加】命令，如图18.9所示。

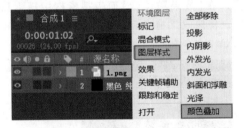

图 18.9

步骤 07 打开该图层下方的【图层样式】/【颜色叠加】，设置【颜色】为白色，接着在该图层后方设置【模式】为【相加】，如图18.10所示。拖动时间线查看画面效果，如图18.11所示。

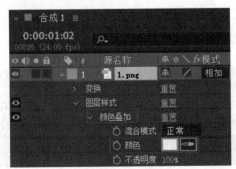

图 18.10

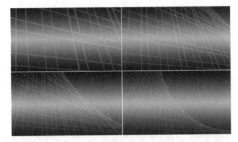

图 18.11

步骤 08 制作文字部分。在【时间轴】面板的空白位置处右击，执行【新建】/【文本】命令。在【字符】面板中设置合适的【字体系列】，设置【填充】与【描边】均为白色，【字体大小】为130像素，【描边宽度】为7像素，在【段落】面板中选择▇（居中对齐文本），接着在画面中合适位置输入文字，如图18.12所示。

图 18.12

步骤 09 选中GALAXY，在【字符】面板中更改它的【填充】与【描边】均为红色，如图18.13所示。

图 18.13

步骤 10 在【时间轴】面板中单击打开当前文本图层下方的【变换】，设置【位置】为(936.0,536.0)，如图18.14所示。此时，文字在画面中的位置如图18.15所示。

步骤 11 将时间线拖动到起始帧位置，在【效果和预设】面板搜索框中搜索【伸缩进入每个单词】，将该文字动画预设拖曳到【时间轴】面板的文字图层上，如图18.16所示。此时，文字呈现动画效果，如图18.17所示。

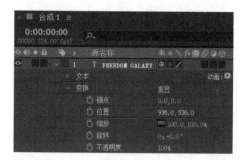

图 18.14

图 18.15

图 18.16

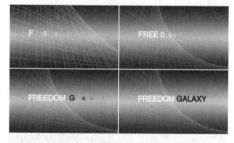

图 18.17

步骤 12 制作文字倒影效果。在【时间轴】面板中选择FREEDOM GALAXY文本图层，使用快捷键Ctrl+D复制，如图18.18所示。

图 18.18

步骤 13 在【效果和预设】面板搜索框中搜索【翻转】，将该动画预设拖曳到【时间轴】面板的FREEDOM GALAXY 2文本图层上，如图18.19所示。此时，画面效果如图18.20所示。

图 18.19

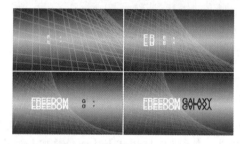

图 18.20

步骤 14 在【效果和预设】面板搜索框中搜索【定向模糊】，将该效果拖曳到【时间轴】面板的FREEDOM GALAXY 2文本图层上，如图18.21所示。

图 18.21

步骤 15 在【时间轴】面板中选择FREEDOM GALAXY 2文本图层，打开该图层下方的【效果】/【定向模糊】，设置【方向】为0x+90.0°，【模糊长度】为33.7，如图18.22所示。接着展开【变换】，设置【不透明度】为25%，如图18.23所示。

图 18.22   图 18.23

步骤 16 此时，拖动时间线查看文字动画效果，如图18.24所示。

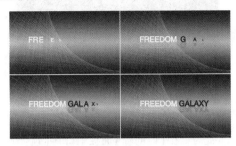

图 18.24

步骤 17 继续按同样的方法制作文字，并在【字符】面板中设置合适的【字体系列】，设置【填充】与【描边】均为白色和红色，【字体大小】为80像素，【描边宽度】为7像素，接着在画面中输入文字Morning News，如图18.25所示。

图 18.25

步骤 18 在【时间轴】面板中选择Morning News文本图层，打开该图层下方的【变换】，设置【位置】为（1448.0,760.0），将时间线拖动到2秒位置，单击【不透明度】前的（时间变化秒表）按钮，开启自动关键帧，设置【不透明度】为0%。继续将时间线拖动到2秒05帧位置，设置【不透明度】为100%，如图18.26所示。此时，文字效果如图18.27所示。

图 18.26　　　　图 18.27

步骤 19 在【效果和预设】面板搜索框中搜索CC Twister，将该效果拖曳到【时间轴】面板的Morning News文本图层上，如图18.28所示。

图 18.28

步骤 20 在【时间轴】面板中选择Morning News文本图层，打开该图层下方的【效果】/CC Twister，将时间线拖动到2秒位置，单击Completion前的（时间变化秒表）按钮，开启自动关键帧，设置Completion为40.0%。继续将时间线拖动到2秒15帧位置，设置Completion为100.0%，如图18.29所示。此时，文字效果如图18.30所示。

图 18.29

图 18.30

步骤 21 使用快捷键Ctrl+D复制Morning News文本图层，单击打开复制的Morning News 2文本图层，单击选择【效果】，按Delete键将其删除，然后展开【变换】属性，更改【位置】为（1448.0,823.0），然后将时间线拖动到2秒05帧位置，更改【不透明度】为25%，如图18.31所示。

步骤 22 在【时间轴】面板中单击打开FREEDOM GALAXY 2文本图层下方的【效果】，单击选择【定向模糊】，使用快捷键Ctrl+C复制，接着选择Morning News 2文本图层，使用快捷键Ctrl+V粘贴该效果，如图18.32所示。

图 18.31

图 18.32

步骤（23）此时，文字效果如图18.33所示。

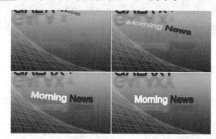

图 18.33

步骤（24）选择【时间轴】面板中的所有文字图层，使用快捷键Ctrl+Shift+C预合成，如图18.34所示。在弹出的【预合成】窗口中设置【新合成名称】为【预合成1】，如图18.35所示。

图 18.34

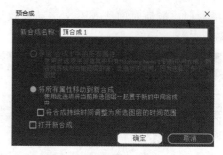

图 18.35

步骤（25）此时，在【时间轴】面板中得到【预合成1】图层，如图18.36所示。

步骤（26）制作形状。在工具栏中选择▨（矩形工具），设置【填充】为酒红色，【描边】为无，接着在【合成】面板中FREEDOM GALAXY文字的左侧绘制一个矩形，如图18.37所示。

图 18.36　　　　　　　　图 18.37

步骤（27）调整矩形的位置及不透明度。在【时间轴】面板中单击打开【形状图层1】图层下方的【变换】，设置【位置】为（960.0,543.0），将时间线拖动到3秒10帧位置，单击【缩放】前的◎（时间变化秒表）按钮，设置【缩放】为（0.0,0.0%），继续将时间线拖动到4秒位置，设置【缩放】为（100.0,100.0%），如图18.38所示。拖动时间线查看当前形状效果，如图18.39所示。

图 18.38　　　　　　　　图 18.39

步骤（28）制作FREEDOM GALAXY文字右侧的形状。首先在【时间轴】面板中选择【形状图层1】图层，使用快捷键Ctrl+D复制，如图18.40所示。单击打开【形状图层2】图层下方的【变换】，设置【位置】为（2572.0,543.0），如图18.41所示。

图 18.40

图 18.41

步骤 29 拖动时间线查看形状的动画效果，如图18.42所示。

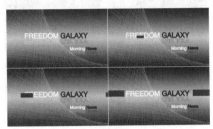
图 18.42

步骤 30 选择这两个形状图层，使用快捷键Ctrl+Shift+C预合成，并设置合成名称为【预合成2】，如图18.43所示。

步骤 31 选择【预合成2】图层，使用快捷键Ctrl+D复制，如图18.44所示。

图 18.43

图 18.44

步骤 32 在【效果和预设】面板搜索框中搜索【翻转】，将该动画预设效果拖曳到【时间轴】面板中的【预合成2】(图层1)，如图18.45所示。此时，形状进行翻转，效果如图18.46所示。

图 18.45

图 18.46

步骤 33 制作图层1的模糊效果。在【时间轴】面板中双击【预合成1】图层，此时在【预合成1】面板中单击打开Morning News 2图层下方的【效果】/【定向模糊】，使用快捷键Ctrl+C复制这个效果，如图18.47所示。接着返回【时间轴】面板中，单击选择【预合成2】(图层1)，

使用快捷键Ctrl+V粘贴，如图18.48所示。

图 18.47

图 18.48

步骤 34 在【时间轴】面板中单击打开【预合成2】(图层1)下方的【变换】，设置【不透明度】为25%，如图18.49所示。此时，画面效果如图18.50所示。

图 18.49

图 18.50

步骤 35 本综合实例制作完成，拖动时间线查看动画效果，如图18.51所示。

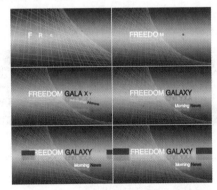
图 18.51

综合实例18.2：雪季东北旅游宣传片

扫一扫，看视频

文件路径：第18章 影视栏目包装综合实例→综合实例：雪季东北旅游宣传片

旅游宣传片是将拍摄的镜头画面进行组接，并且进行视频修饰、包装从而形成完整视频的作品。本综合实例使用【分形杂色】效果制作云雾效果，使用CC Particle World效果制作飘落的雪花，最后使用【光束】效果制作文字底部效果，效果如图18.52所示。

图 18.52

步骤 01 在【项目】面板中右击，选择【新建合成】命令，在弹出的【合成设置】窗口中设置【合成名称】为【合成1】，【预设】为HDTV 1080 24，【宽度】为1920，【高度】为1080，【像素长宽比】为【方形像素】，【帧速率】为24，【分辨率】为【完整】，【持续时间】为8秒。执行【文件】/【导入】/【文件】命令，在弹出的【导入文件】窗口中导入全部素材文件。接下来在【项目】面板中依次选择4.jpg~1.jpg素材文件，将它们拖曳到【时间轴】面板中，如图18.53所示。为了便于操作和观看，在【时间轴】面板中单击2.jpg~4.jpg图层前的 👁（显现/隐藏）按钮，将图层进行隐藏，如图18.54所示。

图 18.53　　　　　　图 18.54

步骤 02 选择素材1.jpg图层，打开该图层下方的【变换】，设置【缩放】为（195.0,195.0%），如图18.55所示。此时，画面效果如图18.56所示。

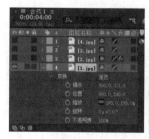 

图 18.55　　　　　　图 18.56

步骤 03 显现并选择素材2.jpg图层，打开该图层下方的【变换】，设置【缩放】为（277.0,277.0%），将时间线拖

动到1秒位置，单击【不透明度】前的 ⏱（时间变化秒表）按钮，开启自动关键帧，设置【不透明度】为0%。继续将时间线拖动到1秒10帧位置，设置【不透明度】为100%，如图18.57所示。此时，动画效果如图18.58所示。

图 18.57

图 18.58

步骤 04 在【效果和预设】面板搜索框中搜索【湍流置换】，将该效果拖曳到【时间轴】面板的2.jpg图层上，如图18.59所示。

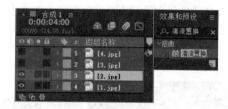

图 18.59

步骤 05 在【时间轴】面板中选择2.jpg图层，打开该图层下方的【效果】/【湍流置换】，设置【大小】为70.0，【偏移（湍流）】为（500.0,333.5），将时间线拖动到1秒位置，单击【数量】前的 ⏱（时间变化秒表）按钮，开启自动关键帧，设置【数量】为150.0；继续将时间线拖动到2秒位置，设置【数量】为0.0，如图18.60所示。拖动时间线查看画面效果，如图18.61所示。

中文版After Effects 2023从入门到实战（全程视频版）（下册）

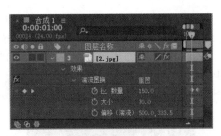

图 18.60

图 18.61

步骤 06 显现并选择素材 3.jpg 图层，打开该图层下方的【变换】，设置【缩放】为（194.0,194.0%），将时间线拖动到 3 秒位置，单击【位置】前的 ◎（时间变化秒表）按钮，开启自动关键帧，设置【位置】为（3150.0,540.0）；继续将时间线拖动到 4 秒位置，设置【位置】为（960.0,540.0），如图 18.62 所示。拖动时间线查看画面效果，如图 18.63 所示。

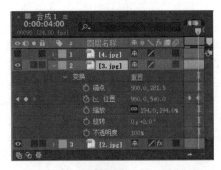

图 18.62

图 18.63

步骤 07 显现并选择素材 4.jpg 图层，打开该图层下方的

【变换】，设置【缩放】为（280.0,280.0%），将时间线拖动到 4 秒位置，单击【不透明度】前的 ◎（时间变化秒表）按钮，开启自动关键帧，设置【不透明度】为 0%；继续将时间线拖动到 5 秒位置，设置【不透明度】为 100%，如图 18.64 所示。拖动时间线查看画面效果，如图 18.65 所示。

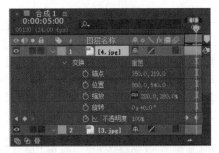

图 18.64

图 18.65

步骤 08 制作云雾效果。使用快捷键 Ctrl+Y 调出【纯色设置】窗口，在窗口中设置【颜色】为白色，如图 18.66 所示。在【效果和预设】面板搜索框中搜索【分形杂色】，将该效果拖曳到【时间轴】面板的【白色 纯色 1】图层上，如图 18.67 所示。

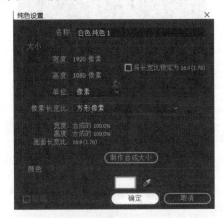

图 18.66

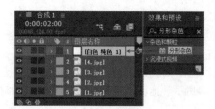

图 18.67

步骤 09 在【时间轴】面板中选择【白色 纯色 1】图层，打开该图层下方的【效果】/【分形杂色】，设置【反转】为【开】，【对比度】为120.0，【溢出】为【剪切】。展开【变换】，设置【缩放】为600.0，【透视位移】为【开】，【复杂度】为17.0。将时间线拖动到起始帧位置，单击【偏移（湍流）】前的 ⏱（时间变化秒表）按钮，开启自动关键帧，设置【偏移（湍流）】为（0.0,213.0）；将时间线拖动到7秒23帧位置，设置【偏移（湍流）】为（1000.0,213.0）。接着展开【子设置】，设置【子影响（%）】为50.0，【子缩放】为50.0，将时间线拖动到起始帧位置，单击【子位移】和【演化】前的 ⏱（时间变化秒表）按钮，开启自动关键帧，设置【子位移】为（0.0,275.0），【演化】为0x+0.0°；将时间线拖动到7秒23帧位置，设置【子位移】为（1000.0,275.0），【演化】为2x+0.0°，最后设置【模式】为【屏幕】，如图18.68所示。拖动时间线查看画面效果，如图18.69所示。

图 18.68

图 18.69

步骤 10 在【时间轴】面板的空白位置处右击，执行【新建】/【纯色】命令。此时，在弹出的【纯色设置】窗口中设置【名称】为【白色 纯色 2】，【颜色】为白色，如图18.70所示。

图 18.70

步骤 11 在【效果和预设】面板搜索框中搜索CC Particle World，将该效果拖曳到【时间轴】面板的【白色 纯色 2】图层上，如图18.71所示。

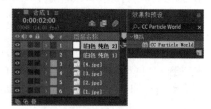

图 18.71

步骤 12 在【时间轴】面板中选择【白色 纯色 2】图层，打开该图层下方的【效果】/CC Particle World，设置Birth Rate为1.0，展开Producer，设置Position Y为0.70，Position Z为3.20，Radius X为1.600，Radius Y为2.500，Radius Z为4.000。下面展开Physics，设置Animation为Jet Sideways，Velocity为2.00，Inherit Velocity %为110.0，Gravity为0.600，Resistance为3.0，Extra为1.00，如图18.72所示。接着展开Particle，设置Particle Type为Faded Sphere，Birth Size为0.000，Death Size为1.850，Max Opacity为15.0%，Birth Color、Death Color均为白色，如图18.73所示。

图 18.72   图 18.73

中文版After Effects 2023从入门到实战（全程视频版）（下册）

步骤 13 在【效果和预设】面板搜索框中搜索【发光】，将该效果拖曳到【时间轴】面板的【白色 纯色 2】图层上，如图18.74所示。

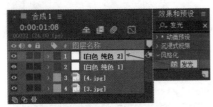

图 18.74

步骤 14 在【时间轴】面板中选择【白色 纯色 2】图层，打开该图层下方的【效果】/【发光】，设置【发光强度】为2.0，如图18.75所示。此时，画面中出现一些白色粒子，拖动时间线查看画面效果，如图18.76所示。

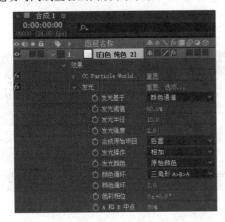

图 18.75

图 18.76

步骤 15 在工具栏中选择■（矩形工具），设置【填充】为黑色，接着在【合成1】面板中的画面顶部合适位置绘制一个长条矩形，如图18.77所示。在【时间轴】面板中选择刚绘制的形状图层，按照同样的方法在画面底部绘制一个矩形，此时电影片段的黑边制作完成，如图18.78所示。

图 18.77

图 18.78

步骤 16 执行【新建】/【纯色】命令，在弹出的【纯色设置】窗口中设置【名称】为【黑色 纯色 1】，【颜色】为黑色，如图18.79所示。

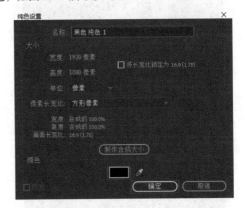

图 18.79

步骤 17 在【效果和预设】面板搜索框中搜索【光束】，将该效果拖曳到【时间轴】面板的【黑色 纯色 1】图层上，如图18.80所示。

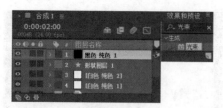

图 18.80

步骤 18 在【时间轴】面板中选择【黑色 纯色 1】图层，打开该图层下方的【效果】/【光束】，设置【起始点】为(406.0,558.0)，【结束点】为(1944.0,558.0)，【时间】为36.0%，【柔和度】为100.0%，【内部颜色】与【外部颜色】均为白色。接着将时间线拖动到起始帧位置，单击【结束厚度】前的◯(时间变化秒表)按钮，开启自动关键帧，设置【结束厚度】为0.00；继续将时间线拖动到1秒位置，设置【结束厚度】为50.00，此时在当前位置单击【长度】前的◯(时间变化秒表)按钮，开启自动关键帧，设置【长度】为0.0%；将时间线拖动到3秒位置，设置【长度】为100.0%，如图18.81所示。接下来，展开【黑色 纯色1】图层下方的【变换】，将时间线拖动到6秒位置，单击【不透明度】前的◯(时间变化秒表)按钮，开启自动关键帧，设置【不透明度】为100%；继续将时间线拖动到结束帧位置，设置【不透明度】为0%，如图18.82所示。

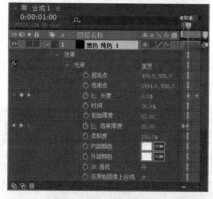

图 18.81

图 18.82

步骤 19 此时，拖动时间线查看画面效果，如图18.83所示。

图 18.83

步骤 20 制作画面的文字部分。在【时间轴】面板的空白位置处右击，执行【新建】/【文本】命令。在【字符】面板中设置合适的【字体系列】，【填充】为白色，【描边】为无，【字体大小】为130像素，在【段落】面板中选择▤(居中对齐文本)，设置完成后输入文本内容，如图18.84所示。

图 18.84

步骤 21 在【时间轴】面板中单击打开文本图层下方的【变换】，设置【位置】为(976.0,596.0)，将时间线拖动到3秒位置，单击【缩放】【不透明度】前的◯(时间变化秒表)按钮，开启自动关键帧，设置【缩放】为(400.0,400.0%)，【不透明度】为0%；将时间线拖动到4秒位置，设置【缩放】为(100.0,100.0%)；将时间线拖动到5秒位置，设置【不透明度】为100%，如图18.85所示。在【时间轴】面板中选择文本图层，右击，执行【图层样式】/【渐变叠加】命令，如图18.86所示。

图 18.85

中文版After Effects 2023从入门到实战（全程视频版）（下册）

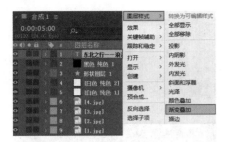

图 18.86

步骤 22 单击【颜色】后方的【编辑渐变】按钮,在弹出的【渐变编辑器】窗口中编辑一个青蓝色的渐变,如图 18.87 所示。

步骤 23 本综合实例制作完成,拖动时间线查看画面效果,如图 18.88 所示。

图 18.87

图 18.88

综合实例 18.3:制作飞舞的光斑影视片头

文件路径:第 18 章 影视栏目包装综合实例→综合实例:制作飞舞的光斑影视片头

本综合实例使用 CC Particle World 效果制作青色圆形光斑,使用【蒙版】及【混合模式】制作文字底部形状,效果如图 18.89 所示。

扫一扫,看视频

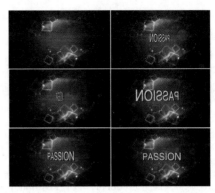

图 18.89

步骤 01 在【项目】面板中右击,选择【新建合成】命令,在弹出的【合成设置】窗口中设置【合成名称】为【合成 1】,【预设】为 HDTV 1080 24,【宽度】为 1920,【高度】为 1080,【像素长宽比】为【方形像素】,【帧速率】为 24,【分辨率】为【完整】,【持续时间】为 10 秒。执行【文件】/【导入】/【文件】命令,导入 1.jpg 素材文件。接下来,在【项目】面板中选择 1.jpg 素材文件,将它拖曳到【时间轴】面板中,如图 18.90 所示。

图 18.90

步骤 02 在【时间轴】面板的空白位置处右击,执行【新建】/【纯色】命令。此时,在弹出的【纯色设置】窗口中设置【名称】为【青色 纯色 1】,【颜色】为青色,如图 18.91 所示。

图 18.91

步骤 03 在【效果和预设】面板搜索框中搜索 CC Particle

World，将该效果拖曳到【时间轴】面板的【青色 纯色 1】图层上，如图18.92所示。

图 18.92

步骤 04 在【时间轴】面板中选择【青色 纯色 1】图层，打开该图层下方的【效果】/CC Particle World，设置Birth Rate为1.0，展开Producer，设置Position Y为0.70，Position Z为3.20，Radius X为1.600，Radius Y为2.500，Radius Z为4.000。下面展开Physics，设置Animation为Direction Axis，Velocity为0.50，Gravity为0.170。接着展开Particle，设置Particle Type为Lens Convex，Birth Size为0.000，Death Size为1.850，Max Opacity为15.0%，然后设置该图层的【模式】为【相加】，如图18.93所示。拖动时间线查看画面效果，如图18.94所示。

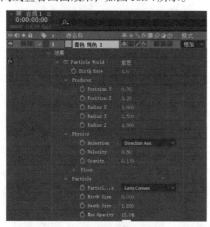

图 18.93

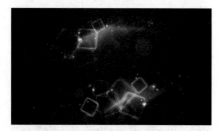

图 18.94

步骤 05 在【时间轴】面板的空白位置处右击，执行【新建】/【纯色】命令。此时，在弹出的【纯色设置】窗口中设置【名称】为【深 洋红色 纯色 1】，【颜色】为较深的洋红色，如图18.95所示。

图 18.95

步骤 06 在【时间轴】面板中选择【深 洋红色 纯色 1】图层，下面绘制形状蒙版。在工具栏中选择 （椭圆工具），在【合成】面板的中心位置按住鼠标左键绘制一个椭圆，如图18.96所示。接着在【时间轴】面板中打开该图层下方的【蒙版】/【蒙版1】，设置【蒙版羽化】为(400.0,400.0)，接着设置该图层的【模式】为【相加】，如图18.97所示。

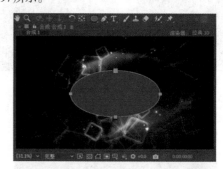

图 18.96

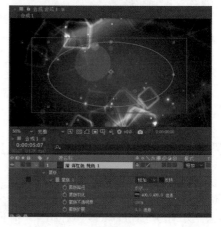

图 18.97

步骤 07 制作画面的文字部分。在【时间轴】面板的空白位置处右击，执行【新建】/【文本】命令。在【字符】面板中设置合适的【字体系列】,【填充】为淡黄色，【描边】为无，【字体大小】为180像素，在【段落】面板中选择▤（居中对齐文本），设置完成后输入文本内容，如图18.98所示。

图 18.98

步骤 08 在【时间轴】面板中选择文本图层，单击后方的▣（3D图层）按钮，允许在三维中操作此图层。接着单击打开该文本图层下方的【变换】,设置【位置】为(943.0,584.0,0.0)，将时间线拖动到起始帧位置，单击【缩放】前的▣（时间变化秒表）按钮，开启自动关键帧，设置【缩放】为(0.0,0.0,0.0%)。继续将时间线拖动到15帧位置，单击【方向】前的▣（时间变化秒表）按钮，设置【方向】为(0.0°,75.0°,0.0°)。将时间线拖动到2秒位置，设置【缩放】为(150.0,150.0,150.0%),【方向】为(0.0°,150.0°,0.0°)。最后将时间线拖动到3秒位置，设置【缩放】为(100.0,100.0,100.0%),【方向】为(0.0°,25.0°,0.0°)，如图18.99所示。选择该文本图层，右击，执行【图层样式】/【投影】命令，如图18.100所示。

图 18.99

图 18.100

步骤 09 继续选择文本图层。单击打开【图层样式】/【投影】,设置【颜色】为深黄色，【不透明度】为100%,【角度】为0x+175.0°,【距离】为15.0,【扩展】为70.0%,【大小】为8.0,如图18.101所示。拖动时间线查看文字效果，如图18.102所示。

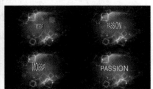

图 18.101　　　　　　　图 18.102

步骤 10 再次按上述相同的方法新建一个纯色图层，设置【名称】为【橙色 纯色 1】,【颜色】为橙色，如图18.103所示。

图 18.103

步骤 11 在【时间轴】面板中选择【橙色 纯色 1】图层，在工具栏中选择▣（矩形工具），接着在【合成】面板中文字上方绘制一个长条矩形，如图18.104所示。下面在【时间轴】面板中选择该纯色图层，设置【模式】为【叠加】,如图18.105所示。

图 18.104

图 18.105

步骤 12 在【时间轴】面板中选择【橙色 纯色 1】图层，使用快捷键Ctrl+D复制该图层，如图18.106所示。

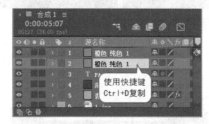

图 18.106

步骤 13 单击打开新复制的【橙色 纯色 1】图层（图层1）下方的【变换】，设置【位置】为(960.0,605.0)，如图18.107所示。此时，画面效果如图18.108所示。

图 18.107   图 18.108

步骤 14 本综合实例制作完成，拖动时间线查看画面效果，如图18.109所示。

图 18.109

综合实例18.4：制作复合感电视栏目包装

扫一扫，看视频

文件路径：第18章　影视栏目包装综合实例→综合实例：制作复合感电视栏目包装
本综合实例主要使用纯色图层及【蒙版】进行制作，使用【变换】属性制作滑动的动画效果，效果如图18.110所示。

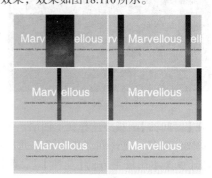

图 18.110

步骤 01 在【项目】面板中右击，选择【新建合成】命令，在弹出的【合成设置】窗口中设置【合成名称】为【合成1】，【预设】为【PAL D1/DV宽银幕方形像素】，【宽度】为1050，【高度】为576，【像素长宽比】为【方形像素】，【帧速率】为25，【分辨率】为【完整】，【持续时间】为15秒。执行【文件】/【导入】/【文件】命令，导入1.jpg素材文件。在【项目】面板中将1.jpg素材文件拖曳到【时间轴】面板中，如图18.111所示。

图 18.111

步骤 02 在【时间轴】面板中单击打开素材1.jpg图层下方的【变换】，设置【缩放】为(70.0,70.0%)，如图18.112所示。此时，画面效果如图18.113所示。

图 18.112   图 18.113

步骤 03 在【时间轴】面板的空白位置处右击，执行【新建】/【纯色】命令。此时，在弹出的【纯色设置】窗口中设置【名称】为【中间色黄色 纯色 1】，【颜色】为淡黄色，如图18.114所示。

图 18.114

步骤 04 继续使用新建纯色快捷键Ctrl+Y打开【纯色设置】窗口，设置【名称】为【中间色青色 纯色 1】，【颜色】为青色，如图18.115所示。

图 18.115

步骤 05 在【时间轴】面板中单击打开【中间色青色 纯色 1】图层下方的【变换】，单击【缩放】后方的 ∞（约束比例）按钮，然后将时间线拖动到3秒21帧位置，单击【缩放】前的 ⏱（时间变化秒表）按钮，开启自动关键帧，设置【缩放】为（100.0,100.0%）；继续将时间线拖动到4秒21帧位置，设置【缩放】为（100.0,83.0%），设置【不透明度】为50%，如图18.116所示。

步骤 06 选择【中间色青色 纯色 1】图层，使用快捷键Ctrl+D将其复制，如图18.117所示。单击打开复制的【中间色青色 纯色 1】图层，将时间线拖动到4秒23帧位置，选中【缩放】后方的关键帧，按住鼠标左键将它拖动到时间线位置，并设置【不透明度】为55%，如图18.118所示。

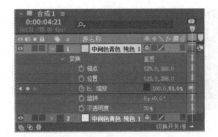

图 18.116

图 18.117　　　　　图 18.118

步骤 07 拖动时间线查看画面效果，如图18.119所示。

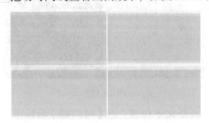

图 18.119

步骤 08 制作文字部分。在【时间轴】面板的空白位置处右击，执行【新建】/【文本】命令。在【字符】面板中设置合适的【字体系列】，【填充】为白色，【描边】为无，【字体大小】为125像素，在【段落】面板中选择 ▤（左对齐文本），设置完成后输入文字Marvellous，如图18.120所示。

图 18.120

步骤 09 在【时间轴】面板中单击打开文本图层下方的【变换】，设置【位置】为（222.0,306.0），如图18.121所示。此时，画面效果如图18.122所示。

图 18.121　　　　　　　　　图 18.122

步骤 10 继续在主体文字下方制作小文字。使用同样的方法在【时间轴】面板的空白位置处右击，执行【新建】/【文本】命令，在【字符】面板中设置合适的【字体系列】，【填充】为黑色，【描边】为无，【字体大小】为24像素，设置完成后输入文字内容，如图18.123所示。

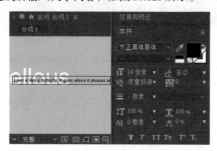

图 18.123

步骤 11 调整文字位置。在【时间轴】面板中单击打开新建文本图层下方的【变换】，设置【位置】为（142.0，390.0），如图18.124所示。此时，画面效果如图18.125所示。

图 18.124　　　　　　　　　图 18.125

步骤 12 在【时间轴】面板中选择图层1~图层5，使用快捷键Ctrl+Shift+C预合成，如图18.126所示。在弹出的【预合成】窗口中设置【新合成名称】为【预合成1】，如图18.127所示。

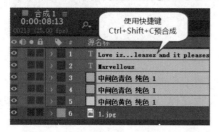

图 18.126

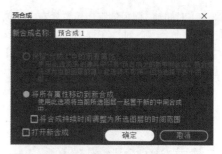

图 18.127

步骤 13 此时，在【时间轴】面板中得到【预合成1】图层，如图18.128所示。

图 18.128

步骤 14 在工具栏中选择■（矩形工具），接着选择【预合成1】图层，在【合成】面板左侧按住鼠标左键绘制一个矩形蒙版，此时蒙版以外部分隐藏，如图18.129所示。

步骤 15 在【时间轴】面板中单击打开【预合成1】图层下方的【变换】，将时间线拖动到起始帧位置，单击【位置】前的○（时间变化秒表）按钮，设置【位置】为（15.0，288.0）；将时间线拖动到1秒位置，设置【位置】为（480.0，288.0）；将时间线拖动到2秒10帧位置，设置【位置】为（373.0，288.0）；最后将时间线拖动到3秒位置，设置【位置】为（525.0，288.0），如图18.130所示。

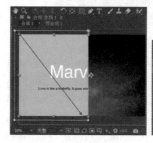

图 18.129　　　　　　　　　图 18.130

步骤 16 选择【预合成1】图层，使用快捷键Ctrl+D复制图层，如图18.131所示。

步骤 17 在【时间轴】面板中单击打开复制的【预合成1】图层下方的【蒙版】/【蒙版1】/【蒙版路径】，此时【合成】面板中的蒙版周围出现路径，接着在工具栏中选择▶（选取工具），将左侧的矩形蒙版移动到画面右侧并适当进行调整，如图18.132所示。

中文版After Effects 2023从入门到实战（全程视频版）（下册）

图 18.131　　　　　　　　　图 18.132

步骤 18 更改位置动画。在【时间轴】面板中单击打开纯色图层下方的【变换】，将时间线拖动到起始帧位置，设置【位置】为（1082.0,288.0）；将时间线拖动到1秒位置，设置【位置】为（526.0,288.0）；将时间线拖动到2秒10帧位置，设置【位置】为（712.0,288.0）；最后将时间线拖动到3秒位置，设置【位置】为（527.0,288.0），如图18.133所示。此时，拖动时间线查看画面效果，如图18.134所示。

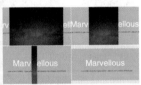

图 18.133　　　　　　　　　图 18.134

步骤 19 在【时间轴】面板中选择两个【预合成 1】图层，使用快捷键Ctrl+Shift+C再次预合成，如图18.135所示。在弹出的【预合成】窗口中设置【新合成名称】为【预合成 2】，如图18.136所示。

图 18.135　　　　　　　　　图 18.136

步骤 20 此时，在【时间轴】面板中得到【预合成 2】图层，如图18.137所示。

步骤 21 选择1.jpg图层，使用快捷键Ctrl+D复制，然后将复制的图层拖曳到【预合成 2】图层的上方，如图18.138所示。

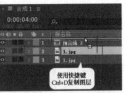

图 18.137　　　　　　　　　图 18.138

步骤 22 在工具栏中选择▭（矩形工具），在【合成】面板右侧按住鼠标左键绘制一个矩形蒙版，如图18.139所示。

图 18.139

步骤 23 在【时间轴】面板中单击打开1.jpg图层下方的【变换】，将时间线拖动到3秒位置，单击【位置】前的◎（时间变化秒表）按钮，设置【位置】为（1080.0,288.0）；将时间线拖动到4秒01帧位置，设置【位置】为（530.0,288.0），如图18.140所示。

步骤 24 单击选择1.jpg图层，使用快捷键Ctrl+D复制，如图18.141所示。

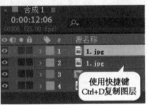

图 18.140　　　　　　　　　图 18.141

步骤 25 在【时间轴】面板中单击选择1.jpg图层（图层1）下方的【蒙版】/【蒙版 1】/【蒙版路径】，此时【合成】面板中的矩形蒙版周围出现路径，接着在工具栏中选择▶（选取工具），将右侧的矩形蒙版移动到画面左侧并适当调整蒙版位置，如图18.142所示。

步骤 26 单击打开1.jpg图层下方的【变换】，将时间线拖动到3秒位置，修改【位置】参数为（8.0,288.0），将时间线拖动到4秒01帧位置，修改【位置】参数为（525.0,288.0），如图18.143所示。

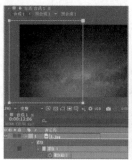

图 18.142　　　　　　图 18.143

步骤 27 拖动时间线查看画面效果，如图 18.144 所示。

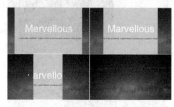

图 18.144

步骤 28 在【时间轴】面板中单击选择【预合成 2】图层，使用快捷键Ctrl+D复制，将复制的【预合成 2】拖曳到图层最上方，如图 18.145 所示。

步骤 29 将时间线拖动到3秒03帧位置，然后选择【预合成 2】（图层1），按住鼠标左键将时间条向时间线位置拖动，如图 18.146 所示。

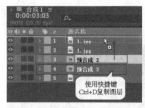

图 18.145　　　　　　图 18.146

步骤 30 本综合实例制作完成，拖动时间线查看画面效果，如图 18.147 所示。

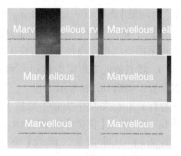

图 18.147

练习实例18.1：制作星光缭绕的金属质感片头

文件路径：第18章　影视栏目包装综合实例→练习实例：制作星光缭绕的金属质感片头

扫一扫，看视频

本练习实例使用【发光】效果、【投影】效果、【湍流置换】效果制作文字效果，使用CC Particle World效果制作飞舞的细小粒子，效果如图 18.148 所示。

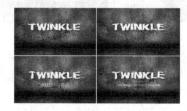

图 18.148

练习实例18.2：影视栏目动态预告

文件路径：第18章　影视栏目包装综合实例→练习实例：影视栏目动态预告

扫一扫，看视频

本练习实例主要学习使用【分形杂色】效果制作流动的背景，使用CC Toner效果、【曲线】效果模拟颜色，并最终合成栏目预告栏和文字，效果如图 18.149 所示。

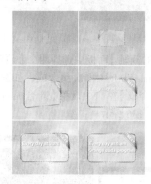

图 18.149

Chapter
19
第19章

短视频制作综合实例

本章内容简介：

　　随着移动互联网的不断发展，移动端出现越来越多的视频社交APP，如抖音、快手、微博等，这些APP中的用户越来越多地需要学习短视频的制作方法。在本章中将学习短视频的制作，通过本章的学习我们将学会如何对录制好的视频进行编辑、包装，添加文字、转场、动画等，最终完成完整的短视频效果。

重点知识掌握：

- 短视频制作的步骤
- 为视频添加效果、转场、字幕综合应用

综合实例19.1：Vlog片头文字

文件路径：第19章 短视频制作综合实例→综合实例：Vlog片头文字

本综合实例主要使用TrkMat效果制作反转遮罩文字，效果如图19.1所示。

图19.1

步骤 01 在【项目】面板中右击，选择【新建合成】命令，在弹出的【合成设置】窗口中设置【合成名称】为【合成1】，【预设】为【自定义】，【宽度】为1920，【高度】为1080，【像素长宽比】为【方形像素】，【帧速率】为23.976，【分辨率】为【完整】，【持续时间】为7秒18帧。执行【文件】/【导入】/【文件】命令，导入视频素材，如图19.2所示。

图19.2

步骤 02 将【项目】面板中的1.mp4素材拖曳到【时间轴】面板中，如图19.3所示。

步骤 03 在【时间轴】面板下方的空白位置处右击，执行【新建】/【纯色】命令，在【纯色设置】窗口中设置【颜色】为黑色，如图19.4所示。

图19.3   图19.4

步骤 04 将时间线拖动到起始帧位置，选择【黑色 纯色1】图层，在工具栏中选择 ▢（矩形工具），在【合成】面板中绘制两个矩形蒙版，在当前位置开启【蒙版路径】关键帧，如图19.5所示。将时间线拖动到2秒20帧，调整两个蒙版形状，将其移动到画面以外，如图19.6所示。

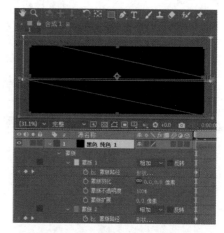

图19.5

图19.6

步骤 05 继续将时间线拖动到6秒位置，将蒙版向画面中移动，如图19.7所示。

图 19.7

步骤 06 在工具栏中选择 **T**（横排文字工具），在【字符】面板中设置合适的【字体系列】，设置【填充】为白色，【描边】为无，【字体大小】为270像素，在【段落】面板中选择 **≡**（左对齐文本），在画面中输入文字"灿烂绚丽"，如图19.8所示。

图 19.8

步骤 07 在【时间轴】面板中将文字的起始时间设置为4秒，打开文字图层下方的【变换】，设置【位置】为（432.0,360.0）；将时间线拖动到5秒位置，开启【不透明度】关键帧，设置【不透明度】为0%；继续将时间线拖动到6秒10帧位置，设置【不透明度】为100%，如图19.9所示。下面制作反底文字。在【黑色 纯色1】图层后方设置【选择轨道遮罩层】为文字图层，勾选【遮罩已反转】，如图19.10所示。

图 19.9

图 19.10

步骤 08 本综合实例制作完成，拖动时间线查看画面效果，如图19.11所示。

图 19.11

综合实例19.2：每日轻食短视频

文件路径：第19章 短视频制作综合实例→综合实例：每日轻食短视频

日常Vlog是最近非常流行的现象级视频拍摄方式，用于更轻松、快速地展示日常生活、工作、休闲、娱乐等短视频效果。现在的Vlog除了视频本身录制、剪辑之外，也需要进行简单包装，如创建文字动画、添加动画元素、设置转场、增加效果等。本综合实例主要使用【不透明度】属性、【渐变擦除】效果、CC Glass Wipe效果制作关键帧，使用文本制作说明文字，效果如图19.12所示。

扫一扫，看视频

图 19.12

1. 制作视频部分

步骤 01 在【项目】面板中右击，选择【新建合成】命令，在弹出的【合成设置】窗口中设置【合成名称】为 1，【预设】为【自定义】，【宽度】为4096，【高度】为 2160，【像素长宽比】为【方形像素】，【帧速率】为25，【分辨率】为【完整】，【持续时间】为43秒。执行【文件】/【导入】/【文件】命令，导入全部视频素材，如图 19.13 所示。

步骤 02 在【项目】面板中依次将1.mp4~6.mp4素材拖曳到【时间轴】面板中，将图层后方时间条向右侧拖动，设置2.mp4起始时间为3秒20帧，3.mp4起始时间为8秒05帧，4.mp4起始时间为13秒，5.mp4起始时间为15秒，6.mp4起始时间为30秒，如图 19.14 所示。

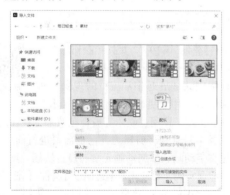

图 19.13

图 19.14

步骤 03 在【时间轴】面板中选择2.mp4素材，右击，执行【时间】/【时间伸缩】命令，在弹出的【时间伸缩】窗口中设置【拉伸因数】为200，如图 19.15 所示。此时，画面播放速度变慢，素材时间变长。

图 19.15

步骤 04 打开2.mp4素材下方的【变换】，将时间线拖动到3秒20帧位置，单击【不透明度】前方的🕐（时间变化秒表）按钮，设置【不透明度】为0%；继续将时间线拖动到5秒20帧位置，设置【不透明度】为100%，如图 19.16 所示。此时，画面效果如图 19.17 所示。

图 19.16

图 19.17

步骤 05 在【效果和预设】面板中搜索【渐变擦除】，将该效果拖曳到3.mp4素材上，如图19.18所示。

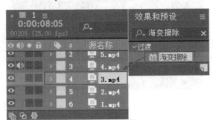

图 19.18

步骤 06 将时间线拖动到8秒05帧位置，打开3.mp4素材下方的【渐变擦除】和【变换】属性，开启【过渡完成】和【缩放】关键帧，设置【过渡完成】为100%，【缩放】为（380.0,380.0%）；将时间线拖动到9秒05帧位置，设置【过渡完成】为0%；将时间线拖动到11秒位置，设置【缩放】为（100.0,100.0%），如图19.19所示。此时，效果如图19.20所示。

图 19.19

图 19.20

步骤 07 选择4.mp4素材，单击素材前方的（取消音频）按钮，接着在素材上右击，执行【时间】/【时间伸缩】命令，在窗口中设置【新持续时间】为5秒，如图19.21所示。

步骤 08 在【效果和预设】面板中搜索CC Glass Wipe，

将该效果拖曳到4.mp4素材上，如图19.22所示。

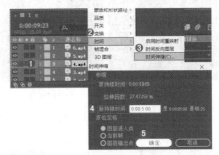

图 19.21

图 19.22

步骤 09 打开4.mp4素材下方的【变换】，设置【缩放】为（227.0,227.0%），接着展开CC Glass Wipe效果，将时间线拖动到13秒位置，开启Completion关键帧，设置Completion为100.0%；继续将时间线拖动到14秒位置，设置Completion为0.0%，如图19.23所示。此时，效果如图19.24所示。

图 19.23

图 19.24

步骤 10 选择5.mp4素材，按上述相同的方式设置它的时间伸缩为17秒。打开5.mp4素材下方的【变换】，将时间线拖动到15秒位置，开启【不透明度】关键帧，设置【不透明度】为0%；继续将时间线拖动到17秒，设置【不透明度】为100%，如图19.25所示。

步骤 11 选择【不透明度】属性，使用快捷键Ctrl+C复制，接着将时间线拖动到30秒位置，选择6.mp4素材，使用快捷键Ctrl+V粘贴，如图19.26所示。

图 19.25　　　　　图 19.26

图 19.29

步骤 12 拖动时间线查看制作的视频部分，如图 19.27 所示。

图 19.27

2. 制作文字部分

步骤 01 在工具栏中选择 T（横排文字工具），在【字符】面板中设置合适的【字体系列】，设置【填充】为白色，【描边】为无，【字体大小】为500像素，在【段落】面板中选择 ■（左对齐文本），然后在画面中输入文字"低卡轻食"，如图 19.28 所示。

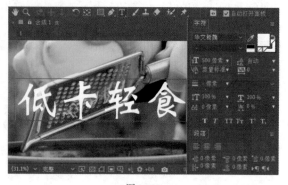

图 19.28

步骤 02 在【时间轴】面板中单击打开当前文本图层下方的【变换】，设置【位置】为（1092.0,1092.0），将时间线拖动到起始帧位置，为【锚点】【缩放】及【不透明度】添加关键帧，设置【锚点】为（418.0,0.0），【缩放】为（160.0,160.0），【不透明度】为100%；将时间线拖动到3秒位置，设置【锚点】为（0.0,0.0），【缩放】为（100.0,100.0），【不透明度】为0%，如图 19.29 所示。拖动时间线查看文字效果，如图 19.30 所示。

图 19.30

步骤 03 在工具栏中选择 ✒（钢笔工具），设置【填充】为无，【描边】为白色，【描边宽度】为20像素，然后在画面中单击添加锚点，绘制一条曲线路径，如图 19.31 所示。继续在工具栏中选择 T（横排文字工具），在【字符】面板中设置合适的【字体系列】，设置【填充】为白色，【描边】为无，【字体大小】为300像素，在【段落】面板中选择 ■（左对齐文本），然后在画面中输入文字内容，如图 19.32 所示。

图 19.31

图 19.32

步骤 04 在【时间轴】面板中单击打开【加入柠檬汁调和】图层下方的【变换】，设置【位置】为（1592.0,1448.0），【旋转】为0x+7.0°，如图19.33所示。此时，文字效果如图19.34所示。

图 19.33　　　　　　　　　图 19.34

步骤 05 选择当前图层1和图层2，右击，执行【预合成】命令，在弹出的窗口中设置【新合成名称】为【预合成1】，单击【确定】按钮，如图19.35所示。下面将时间线拖动到5秒位置，打开【预合成1】图层下方的【变换】，在当前位置开启【不透明度】关键帧，设置【不透明度】为0%；继续将时间线拖动到7秒10帧位置，设置【不透明度】为100%；最后将时间线拖动到8秒位置，设置【不透明度】为0%，如图19.36所示。

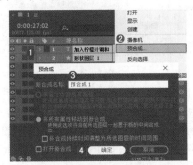

图 19.35

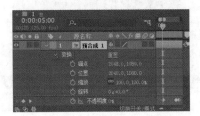

图 19.36

步骤 06 使用同样的方法使用 T （横排文字工具）在合适位置制作其他3个图层的文字。然后选择【预合成1】图层下方的【不透明度】属性，使用快捷键Ctrl+C复制；接着将时间线拖动到9秒位置，选择当前图层3，使用快捷键Ctrl+V粘贴；继续将时间线拖动到16秒10帧位置，选择图

层2，粘贴【不透明度】属性；最后将时间线拖动到34秒，选择图层1，再次粘贴【不透明度】属性，如图19.37所示。

图 19.37

步骤 07 单击打开图层2下方的【变换】，将【不透明度】的第3个关键帧移动到30秒位置，如图19.38所示。使用同样的方法单击打开图层1下方的【变换】，将【不透明度】的第3个关键帧移动到42秒10帧位置，如图19.39所示。

图 19.38

图 19.39

步骤 08 在【项目】面板中将【配乐.mp3】素材拖曳到【时间轴】面板最下层，如图19.40所示。

图 19.40

步骤 09 制作音频淡出效果。单击打开【配乐.mp3】素材下方的【音频】，将时间线拖动到38秒位置，开启【音频电平】关键帧，设置【音频电平】为0.00dB；继续将时间线拖动到结束帧位置，设置【音频电平】为-37.00dB，如图19.41所示。

步骤 10 本综合实例制作完成，拖动时间线查看画面效果，如图19.42所示。

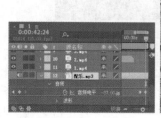
图 19.41

图 19.42

综合实例19.3：精品咖啡展示短视频

扫一扫，看视频

文件路径：第19章 短视频制作综合实例→综合实例：精品咖啡展示短视频

本综合实例首先将多段视频按照流程进行剪辑，在制作时使用【时间反向图层】命令制作倒放效果，最后为画面添加字幕，起到画面的说明和引导作用，效果如图19.43所示。

图 19.43

1. 视频剪辑

步骤 01 在【项目】面板中右击，选择【新建合成】命令，在弹出的【合成设置】窗口中设置【合成名称】为1，【预设】为【自定义】，【宽度】为1920，【高度】为1080，【像素长宽比】为【方形像素】，【帧速率】为24，【分辨率】为【完整】，【持续时间】为23秒10帧。执行【文件】/【导入】/【文件】命令，导入全部视频素材，如图19.44

所示。

步骤 02 在【项目】面板中依次将1.mp4~5.mp4素材拖曳到【时间轴】面板中，如图19.45所示。

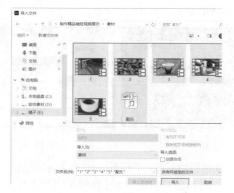
图 19.44

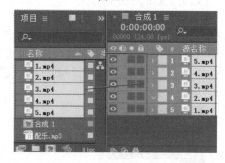
图 19.45

步骤 03 调整各图层持续时间和起始位置。首先在【时间轴】面板中选择1.mp4素材，右击，执行【时间】/【时间伸缩】命令，在弹出的【时间伸缩】窗口中设置【新持续时间】为10秒，如图19.46所示。此时，画面播放速度变快，素材时间缩短。

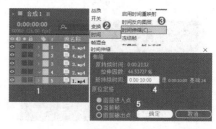
图 19.46

步骤 04 将时间线拖动到5秒位置，选择2.mp4素材，将光标移动到右侧图层条的起始位置，按住鼠标左键向时间线位置拖动，如图19.47所示。

步骤 05 选择3.mp4素材，在右侧图层条上方按住鼠标左键向右侧移动，使起始时间停留在6秒20帧位置，如图19.48所示。使用同样的方法选择4.mp4素材，将起始时间设置为10秒13帧，如图19.49所示。

图 19.47　　　　　　　　图 19.48

图 19.49

步骤 06 在当前位置单击打开4.mp4素材下方的【变换】，单击【缩放】前方的 ⬤（时间变化秒表）按钮，设置【缩放】为（180.0,180.0%）；继续将时间线拖动到13秒位置，设置【缩放】为（100.0,100.0%），如图19.50所示。此时，画面效果如图19.51所示。

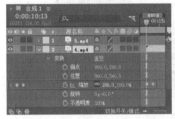 

图 19.50　　　　　　　图 19.51

步骤 07 选择5.mp4素材，右击，执行【时间】/【时间伸缩】命令，设置【新持续时间】为11秒，接着执行【时间】/【时间反向图层】命令，将素材进行倒放，如图19.52所示。在5.mp4素材右侧选择时间条，将其向右侧移动，使起始时间停留在13秒位置，如图19.53所示。

图 19.52

图 19.53

步骤 08 在当前位置打开5.mp4素材下方的【变换】，开启【不透明度】关键帧，设置【不透明度】为0%；继续将时间线拖动到15秒03帧位置，设置【不透明度】为100%，如图19.54所示。此时，画面效果如图19.55所示。

图 19.54　　　　　　　图 19.55

2. 制作字幕

步骤 01 在工具栏中选择 **T**（横排文字工具），在【字符】面板中设置合适的【字体系列】，设置【填充】为暗橙色，【描边】为无，【字体大小】为207像素，在【段落】面板中选择 ▤（左对齐文本），然后在画面中输入文字"山多斯现磨咖啡"，如图19.56所示。

图 19.56

步骤 02 在【时间轴】面板中打开当前文本图层下方的【变换】，设置【位置】为（234.0,585.0），将时间线拖动到起始帧位置，开启【不透明度】关键帧，设置【不透明度】为0%；将时间线拖动到2秒位置，设置【不透明度】为100%；继续将时间线拖动到5秒位置，设置【不透明度】为0%，如图19.57所示。在工具栏中选择 ✐（钢笔工具），设置【填充】为无，【描边】为白色，【描边宽度】

为7像素，然后在【合成】面板中合适位置绘制一个箭头形状，如图19.58所示。

图 19.57　　　　　图 19.58

步骤 03 在【时间轴】面板中展开【形状图层 1】图层下方的【变换】，设置【位置】为(958.0,545.0)，将时间线拖动到7秒位置，开启【缩放】和【不透明度】关键帧，设置【缩放】为(0.0,0.0%)，【不透明度】为100%；继续将时间线拖动到8秒位置，设置【缩放】为(100.0,100.0%)；最后将时间线拖动到11秒位置，设置【不透明度】为100%，如图19.59所示。

图 19.59

步骤 04 继续在工具栏中选择 T（横排文字工具），在【字符】面板中设置合适的【字体系列】，设置【填充】为白色，【描边】为无，【字体大小】为110像素，在【段落】面板中选择▇（左对齐文本），然后在画面中输入文字"加入长白山矿泉水"，如图19.60所示。

图 19.60

步骤 05 打开当前文本图层下方的【变换】，设置【位置】

为(950.0,240.0)，将时间线拖动到7秒19帧位置，开启【不透明度】关键帧，设置【不透明度】为0%；继续将时间线拖动到9秒20帧位置，设置【不透明度】为100%；最后将时间线拖动到11秒20帧位置，设置【不透明度】为0%，如图19.61所示。使用【横排文字工具】制作另外3个字幕，并适当调整文字大小及颜色。接着选择"加入长白山矿泉水"文本图层下方的【不透明度】属性，使用快捷键Ctrl+C复制，将时间线拖动到10秒位置，选择当前图层3，使用快捷键Ctrl+V粘贴，如图19.62所示。

图 19.61

图 19.62

步骤 06 调整关键帧位置。 打开图层3下方的【变换】，将【不透明度】后方的第3个关键帧拖动到15秒位置，如图19.63所示。复制图层3的【不透明度】属性，将时间线拖动到16秒15帧，选择图层2，粘贴【不透明度】属性，如图19.64所示。

图 19.63

中文版After Effects 2023从入门到实战（全程视频版）（下册）

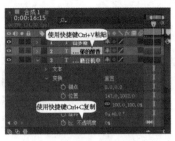

图 19.64

步骤 07 选择【山多斯】文本图层，右击，执行【图层样式】/【斜面和浮雕】命令，如图19.65所示。此时，文字呈现一种向外凸起的状态，如图19.66所示。

图 19.65   图 19.66

步骤 08 打开【山多斯】文本图层下方的【变换】，将时间线拖动到21秒位置，开启【不透明度】关键帧，设置【不透明度】为0%；继续将时间线拖动到21秒08帧位置，设置【不透明度】为100%，在当前位置开启【位置】关键帧，设置【位置】为（568.0,700.0）；继续将时间线拖动到22秒18帧位置，设置【位置】为（658.0,645.0），如图19.67所示。最后，在【项目】面板中将【配乐.mp3】素材拖曳到【时间轴】面板的最底层，如图19.68所示。

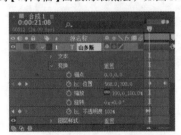

图 19.67

图 19.68

步骤 09 单击打开【配乐.mp3】素材下方的【音频】，将时间线拖动到20秒15帧位置，开启【音频电平】关键帧，设置【音频电平】为0.00dB；继续将时间线拖动到结束帧位置，设置【音频电平】为-65.00dB，如图19.69所示。

步骤 10 本综合实例制作完成，拖动时间线查看画面效果，如图19.70所示。

图 19.69   图 19.70

练习实例：2026音乐盛典晚会动态海报宣传

文件路径：第19章 短视频制作综合实例→练习实例：2026音乐盛典晚会动态海报宣传

扫一扫，看视频

音乐晚会海报通常主题色彩较强，其宣扬的主题具有较强的针对性，符合音乐晚会的要求及风格。本练习实例主要使用【梯度渐变】效果制作背景，使用【文字工具】制作画面文字信息，效果如图19.71所示。

图 19.71

Chapter
20
第 20 章

影视特效综合实例

本章内容简介：

　　影视特效是影视作品中重要的组成部分，几乎所有的电影中都有特效镜头的存在。除了院线电影外，微电影、自媒体短视频也越来越多地应用影视特效，使得影视作品给人更震撼的感觉。本章将通过多个实例学习不同画面感觉的特效，如科幻类、唯美类、震撼类等。

重点知识掌握：

- 唯美、梦幻风格的影视特效的制作
- 超现实、科技感的影视特效的制作
- 震撼感的影视特效的制作

综合实例20.1：制作发光艺术字

文件路径：第20章 影视特效综合实例→综合实例：制作发光艺术字

本综合实例主要使用【描边】【投影】效果使文字产生空间感，接着为文字最上层的白色正圆添加【外发光】效果使其呈现出发光的视觉感，效果如图20.1所示。

图20.1

步骤 01 在【项目】面板中右击，选择【新建合成】命令，在弹出的【合成设置】窗口中设置【合成名称】为【合成1】，【预设】为【自定义】，【宽度】为960，【高度】为720，【像素长宽比】为【方形像素】，【帧速率】为25，【分辨率】为【完整】，【持续时间】为5秒。执行【文件】/【导入】/【文件】命令，导入全部素材文件，如图20.2所示。

步骤 02 将【项目】面板中的素材01.jpg拖曳到【时间轴】面板中，如图20.3所示。

图20.2

图20.3

步骤 03 在【时间轴】面板中选择01.jpg素材图层，打开该图层下方的【变换】，设置【位置】为(471.0,332.0)，【缩放】为(173.0,173.0%)，如图20.4所示。此时，画面效果如图20.5所示。

图20.4

图20.5

步骤 04 制作文字。在【时间轴】面板的空白位置处右击，执行【新建】/【文本】命令。在【字符】面板中设置合适的【字体系列】，设置【填充】为白色，【描边】为白色，【字体大小】为300像素，【描边宽度】为27像素，选择【在填充上描边】选项，接着在画面中合适位置输入数字73，如图20.6所示。

图20.6

步骤 05 在【时间轴】面板中单击选中73文本图层，在后方相对应的位置开启3D图层，然后打开该图层下方的【变换】，设置【位置】为(458.6,467,0,0.0)，【方向】为(0.0°,20.0°,0.0°)，如图20.7所示。此时，文字效果如图20.8所示。

图 20.7　　　　　　　图 20.8

步骤 06 将光标定位在该图层上，右击，执行【图层样式】/【投影】命令。在【时间轴】面板中单击打开文本图层下的【图层样式】/【投影】，设置【混合模式】为【正常】，【颜色】为酒红色，【不透明度】为100%，【角度】为0x+125.0°，【距离】为20.0，【扩展】为100.0%，如图20.9所示。此时，文字效果如图20.10所示。

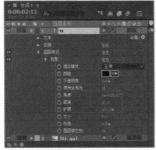

图 20.9　　　　　　　图 20.10

步骤 07 继续将光标定位在该文本图层上，右击，执行【图层样式】/【描边】命令。在【时间轴】面板中单击打开文本图层下的【图层样式】/【描边】，设置【颜色】为土黄色，【大小】为6.0，如图20.11所示。此时，文字效果如图20.12所示。

图 20.11　　　　　　　图 20.12

步骤 08 继续输入数字。使用相同的方法在【时间轴】面板的空白位置处右击，执行【新建】/【文本】命令，在【字符】面板中设置合适的【字体系列】，设置【填充】与【描边】均为红色，【字体大小】为282像素，【描边宽

度】为18像素，选择【在填充上描边】选项，接着在画面中7的上方再次输入数字7，如图20.13所示。

图 20.13

步骤 09 在【时间轴】面板中单击选中7文本图层，在后方相对应的位置开启3D图层，然后打开该图层下方的【变换】，设置【位置】为(374.5,457.4,0.0)，【方向】为(0.0°,20.0°,0.0°)，如图20.14所示。此时，文字效果如图20.15所示。

图 20.14　　　　　　　图 20.15

步骤 10 将光标定位在7文本图层上，右击，执行【图层样式】/【投影】命令，如图20.16所示。此时，文字效果如图20.17所示。

图 20.16　　　　　　　图 20.17

步骤 11 在【时间轴】面板中选择7文本图层，使用快捷键Ctrl+D复制图层，并将复制的图层重命名为3，然后打开该图层下方的【变换】，更改【位置】为(544.5,461.4,0.0)，如图20.18所示。

步骤 12 在工具栏中选择 T (横排文字工具)，在【字符面板中设置【字体大小】为295像素，接着选中复制的数字将其更改为3，如图20.19所示。

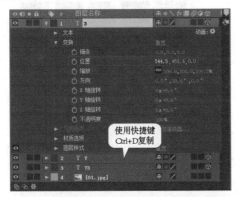

图20.18

图20.19

步骤 13 在工具栏中选择 ◯（椭圆工具），设置【填充】为白色，然后在数字7上方按住Shift键的同时按住鼠标左键绘制一个正圆，如图20.20所示。

图20.20

步骤 14 在【时间轴】面板中打开【形状图层 1】图层，选择【椭圆 1】，使用快捷键Ctrl+D复制正圆，如图20.21所示。接着在【合成】面板中选择复制的正圆，将其向右侧移动，如图20.22所示。

图20.21　　　　　　　　图20.22

步骤 15 使用相同的方法复制并移动其他白色正圆，使其分布在整个文字上方并适当调整它们的位置，如图20.23所示。

图20.23

步骤 16 将光标定位在【形状图层 1】图层上，右击，执行【图层样式】/【外发光】命令。在【时间轴】面板中单击打开【形状图层 1】图层下方的【变换】，设置【位置】为（484.0,358.0），接着打开【图层样式】/【外发光】，设置【不透明度】为100%，【颜色】为柠檬黄，【大小】为7.0，如图20.24所示。此时，画面效果如图20.25所示。

图20.24　　　　　　　　图20.25

步骤 17 在【时间轴】面板中将光标定位在【形状图层 1】图层上，右击，执行【图层样式】/【投影】命令，如

图20.26所示。

步骤 18 本综合实例制作完成，画面最终效果如图20.27所示。

图20.26　　　　　　　图20.27

综合实例20.2：运用3D镜头形成文字摇动跳跃的画面

扫一扫，看视频

文件路径：第20章　影视特效综合实例→综合实例：运用3D镜头形成文字摇动跳跃的画面

本综合实例对文字序列进行调色并制作位置关键帧动画，接着使用【摄像机】使画面产生透视，呈现三维效果，使用【调整图层】调整背景图片色调，最后使用【镜头光晕】效果渲染气氛。需注意序列动画素材需要提前制作好，如可以在3ds Max软件中进行制作并渲染保存序列，效果如图20.28所示。

图20.28

步骤 01 在【项目】面板中右击，选择【新建合成】命令，在弹出的【合成设置】窗口中设置【合成名称】为【合成1】，【预设】为【自定义】，【宽度】为1200，【高度】为799，【像素长宽比】为【方形像素】，【帧速率】为29.97，【分辨率】为【完整】，【持续时间】为2秒16帧。接着执行【文件】/【导入】/【文件】命令，在弹出的【导入文件】窗口中选择【渲染序列】文件夹中的第一个文件"三维文字0000.png"，并勾选【PNG序列】复选框，然后单击【导入】按钮导入素材，如图20.29所示。继续使用快捷键Ctrl+I调出【导入文件】窗口，选择01.jpg素材文件，单击【导入】按钮，如图20.30所示。

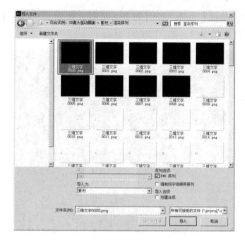

图20.29

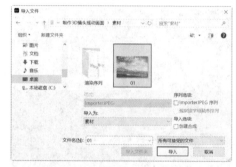

图20.30

步骤 02 在【项目】面板中选择01.jpg素材文件，将它拖曳到【时间轴】面板中，如图20.31所示。

图20.31

步骤 03 在【时间轴】面板中选择01.jpg图层，单击下方对应的位置，开启3D图层，为接下来的步骤做准备。接着单击打开该图层下方的【变换】，设置【位置】为（600.0,399.5,3070.0），【缩放】为（176.0,176.0,176.0%），如图20.32所示。此时，画面效果如图20.33所示。

步骤 04 在【项目】面板中选择【渲染序列】素材文件，将它拖曳到【时间轴】面板中，如图20.34所示。

中文版After Effects 2023从入门到实战（全程视频版）（下册）

图 20.32　　　　　　　　　图 20.33

图 20.34

步骤 05 在【时间轴】面板中选择【渲染序列】图层，单击 ⬙ 下方对应的位置，开启3D图层，然后单击打开该图层下方的【变换】，将时间线拖动到起始帧位置，单击【位置】前的 ⏱ (时间变化秒表) 按钮，开启自动关键帧，设置【位置】为(410.0,470.0,0.0)；继续将时间线拖动到结束帧位置，设置【位置】为(548.0.0,470.0,0.0)，接着设置【缩放】为(146.0,146.0,146.0%)，【方向】为(358.0°,14.0°,0.0°)，如图20.35所示。此时，画面效果如图20.36所示。

图 20.35

图 20.36

步骤 06 在【效果和预设】面板搜索框中搜索【曲线】，将该效果拖曳到【时间轴】面板的【渲染序列】图层上，如图20.37所示。

图 20.37

步骤 07 在【时间轴】面板中选择【渲染序列】图层，然后在【效果控件】面板中单击展开【曲线】效果，将【通道】设置为RGB，在下方曲线上单击添加2个控制点并调整曲线为S形，如图20.38所示。此时，画面效果如图20.39所示。

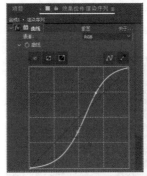

图 20.38　　　　　　　　　图 20.39

步骤 08 在【效果和预设】面板搜索框中搜索【Lumetri 颜色】，将该效果拖曳到【时间轴】面板的【渲染序列】图层上，如图20.40所示。

图 20.40

步骤 09 在【时间轴】面板中选择【渲染序列】图层，然后在【效果控件】面板中单击展开【Lumetri 颜色】/【基本校正】/【白平衡】，设置【色温】为44，如图20.41所示。此时，文字效果偏向于金黄色调，如图20.42所示。

步骤 10 在【时间轴】面板的空白位置处右击，执行【新建】/【摄像机】命令，如图20.43所示。在弹出的【摄像机设置】窗口中单击【确定】按钮，如图20.44所示。

图 20.41　　　　　　　　图 20.42

图 20.45　　　　　　　　图 20.46

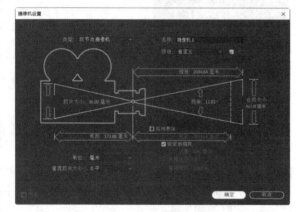

图 20.43

图 20.47

图 20.44

步骤 11 在【时间轴】面板中单击打开【摄像机 1】图层下方的【摄像机选项】，设置【缩放】为1000.0像素，【焦距】为1000.0像素，【光圈】为63.0像素，【模糊层次】为181%，如图20.45所示。接着展开【变换】，设置【目标点】为（600.0,400.0,200.0），将时间线拖动到起始帧位置，单击【位置】前的 ◎（时间变化秒表）按钮，开启自动关键帧，设置【位置】为（860.0,360.0,-900.0）；继续将时间线拖动到结束帧位置，设置【位置】为（380.0,360.0,-900.0），如图20.46所示。

步骤 12 拖动时间线查看画面效果，如图20.47所示。

步骤 13 调整画面色调。在【时间轴】面板的空白位置处右击，执行【新建】/【调整图层】命令，如图20.48所示。在【效果和预设】面板搜索框中搜索【Lumetri 颜色】，将该效果拖曳到【时间轴】面板的【调整图层 1】图层上，如图20.49所示。

图 20.48　　　　　　　　图 20.49

步骤 14 在【时间轴】面板中选择【调整图层1】图层，然后在【效果控件】面板中展开【Lumetri 颜色】/【基本校正】/【白平衡】，设置【色调】为-14，如图20.50所示。此时，画面色调如图20.51所示。

步骤 15 在【时间轴】面板的空白位置处右击，执行【新建】/【纯色】命令。此时，在弹出的【纯色设置】窗口中设置【名称】为【黑色 纯色 1】，【颜色】为黑色，如图20.52所示。

步骤 16 在【效果和预设】面板搜索框中搜索【镜头光晕】，将该效果拖曳到【时间轴】面板的【黑色 纯色 1】图层上，如图20.53所示。

中文版After Effects 2023从入门到实战（全程视频版）（下册）

图 20.50

图 20.51

图 20.52

图 20.53

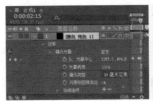

图 20.54

图 20.55

步骤 18 本综合实例制作完成，拖动时间线查看画面效果，如图20.56所示。

图 20.56

综合实例20.3：制作炫彩迷幻炫目氛围空间效果

文件路径：第20章　影视特效综合实例→综合实例：制作炫彩迷幻炫目氛围空间效果

扫一扫，看视频

畅想一下游离于梦境般空间中，斑斓的色彩在晃动，空间随镜头向前推进，那就是本综合实例要制作的效果了。本综合实例主要使用【动态拼贴】效果及【摄像机】制作三维背景空间，效果如图20.57所示。

图 20.57

步骤 01 在【项目】面板中右击，选择【新建合成】命令，在弹出的【合成设置】窗口中设置【合成名称】为【合成1】，【预设】为【自定义】，【宽度】为960，【高度】为498，【像素长宽比】为【方形像素】，【帧速率】为29.97，

步骤 17 在【时间轴】面板中选择【黑色 纯色 1】图层，开启3D图层，然后单击打开【效果】/【镜头光晕】，将时间线拖动到起始帧位置，单击【光晕中心】前的 ◎（时间变化秒表）按钮，设置【光晕中心】为（-693.5,496.4）；将时间线拖动到2秒位置，设置【光晕中心】为（62.7,458.6）；最后将时间线拖动到结束帧位置，设置【光晕中心】为（1187.3,494.8），然后设置【镜头类型】为【35毫米定焦】，如图20.54所示。单击打开【变换】属性，设置【位置】为（573.0,399.5,0.0），【缩放】为（105.0,105.0,105.0%），最后设置该图层【模式】为【屏幕】，如图20.55所示。

【分辨率】为【完整】，【持续时间】为2秒10帧。接着执行【文件】/【导入】/【文件】命令，导入【背景.mp4】素材文件。在【项目】面板中选择【背景.mp4】素材文件，将它拖曳到【时间轴】面板中，如图20.58所示。

步骤 02 在【效果和预设】面板搜索框中搜索【动态拼贴】，将该效果拖曳到【时间轴】面板的【背景.mp4】素材图层上，如图20.59所示。

图 20.58　　　　　　　　图 20.59

步骤 03 在【时间轴】面板中单击打开【背景.mp4】图层下方的【效果】/【动态拼贴】，设置【输出宽度】为500，如图20.60所示。接着单击 与 下方对应的位置，开启运动模糊和3D图层，然后打开【变换】属性，设置【位置】为(126.0,249.0,403.8)，【方向】为(0.0°,270.0°,0.0°)，如图20.61所示。

图 20.60　　　　　　　　图 20.61

步骤 04 此时，画面效果如图20.62所示。在【时间轴】面板中选择【背景.mp4】图层，使用快捷键Ctrl+D复制图层，如图20.63所示。

图 20.62　　　　　　　　图 20.63

步骤 05 单击打开【背景.mp4】图层(图层1)下方的【变换】，更改【位置】为(418.0,486.9,339.0)，【方向】为(270.0°,0.0°,270.0°)，单击【缩放】后方的 (取消约束比例)按钮，设置【缩放】为(153.7,131.1,153.7%)，如图20.64所示。此时，画面效果如图20.65所示。

图 20.64　　　　　　　　图 20.65

步骤 06 在【时间轴】面板中选择当前【背景.mp4】图层，使用快捷键Ctrl+D继续复制图层，单击打开复制的【背景.mp4】图层(图层1)，更改【位置】为(418.0,6.9,339.8)，如图20.66所示。此时，画面效果如图20.67所示。

图 20.66　　　　　　　　图 20.67

步骤 07 使用相同的方法再次使用快捷键Ctrl+D复制当前【背景.mp4】图层，接着单击打开刚刚复制的【背景.mp4】图层(图层1)下方的【变换】，更改【位置】为(724.0,249.0,403.8)，【缩放】为(100.0,100.0,100.0%)，【方向】为(0.0°,270.0°,0.0°)，如图20.68所示。此时，右侧背景制作完成，画面效果如图20.69所示。

图 20.68　　　　　　　　图 20.69

步骤 08 再次复制当前图层，并单击打开新复制的【背景.mp4】图层(图层1)，选择下方的【效果】，按Delete键将效果删除。接着展开【变换】，更改【位置】为(418.0,249.0,2599.8)，【缩放】为(100.0,100.0,100.0%)，【方向】为(0.0°,0.0°,0.0°)，如图20.70所示。此时，画面效果如图20.71所示。

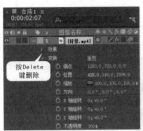

图 20.70　　　　　　　图 20.71

步骤 09 在【效果和预设】面板搜索框中搜索【曝光度】,
将该效果拖曳到【时间轴】面板的【背景.mp4】图层(图
层1)上,如图20.72所示。

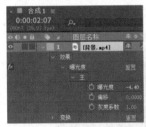

图 20.72

步骤 10 单击打开【背景.mp4】图层(图层1)下方的【效
果】/【曝光度】/【主】,设置【曝光度】为-4.40,如
图20.73所示。此时,画面效果如图20.74所示。

图 20.73　　　　　　　图 20.74

步骤 11 在【时间轴】面板的空白位置处右击,执行
【新建】/【摄像机】命令,如图20.75所示。在弹出的
【摄像机设置】窗口中单击【确定】按钮,如图20.76
所示。

图 20.75

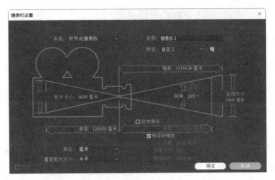

图 20.76

步骤 12 单击打开【摄像机 1】图层下方的【变换】,将
时间线拖动到起始帧位置,单击【目标点】与【位置】前
的 ◎ (时间变化秒表)按钮,开启自动关键帧,设置【目
标点】为(290.0,250.0,-1000.0),【位置】为(260.0,250.0,
-3000.0);继续将时间线拖动到22帧位置,设置【目
标点】为(310.0,200.0,-300.0),【位置】为(490.0,250.0,
-900.0);最后将时间线拖动到1秒07帧位置,设置【目
标点】为(454.2,236.5,-96.2),【位置】为(490.0,252.0,
-700.0),如图20.77所示。下面,按住Shift键加选左侧
和右侧的关键帧,此时这4个关键帧已被选中,在关键
帧上方右击,执行【关键帧插值】命令,在弹出的【关
键帧插值】窗口中设置【临时插值】为【自动贝塞尔曲
线】,如图20.78所示。

图 20.77

图 20.78

步骤 13 框选中间两个关键帧,在关键帧上方右击,执
行【关键帧插值】命令,在弹出的【关键帧插值】窗口中
设置【临时插值】为【自动贝塞尔曲线】,如图20.79所示。

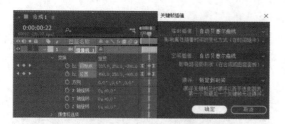

图 20.79

步骤 14 单击打开【摄像机选项】，设置【缩放】为816.5像素，【焦距】为1000.0像素，【光圈】为20.0像素，【模糊层次】为300%，如图20.80所示。此时，画面空间效果增强，如图20.81所示。

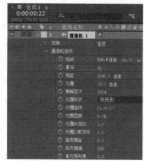 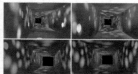

图 20.80   图 20.81

步骤 15 在【时间轴】面板的空白位置处右击，执行【新建】/【文本】命令。在【字符】面板中设置合适的【字体系列】，【填充】为白色，【字体大小】为50像素，【字符间距】为-26，【垂直缩放】为92%，单击 **TT**（全部大写字母）按钮，在【段落】面板中选择 ▤（居中对齐文本），设置完成后输入文字DREAM SPACE，如图20.82所示。在【时间轴】面板中选择文本图层，单击 ◎ 与 ◙ 下方对应的位置，开启运动模糊和3D图层，然后打开【变换】属性，设置【位置】为(469.0,263.0,−367.7)，如图20.83所示。

图 20.82   图 20.83

步骤 16 在【时间轴】面板的空白位置处右击，执行【新建】/【纯色】命令。此时，在弹出的【纯色设置】窗口中设置【名称】为【黑色 纯色 1】，【颜色】为黑色，如图20.84所示。

步骤 17 在【效果和预设】面板搜索框中搜索【镜头光晕】，将该效果拖曳到【时间轴】面板的【黑色 纯色 1】图层上，如图20.85所示。

图 20.84   图 20.85

步骤 18 在【时间轴】面板中选择【黑色 纯色 1】图层，开启3D图层，然后单击打开【效果】/【镜头光晕】，将时间线拖动到起始帧位置，单击【光晕中心】前的 ◎（时间变化秒表）按钮，设置【光晕中心】为(−693.5,496.4)；将时间线拖动到2秒位置，设置【光晕中心】为(62.7,458.6)；最后将时间线拖动到结束帧位置，设置【光晕中心】为(1187.3,494.8)，然后设置【镜头类型】为【35毫米定焦】，如图20.86所示。单击打开【变换】属性，设置【位置】为(573.0,399.5,0.0)，【缩放】为(105.0,105.0,105.0%)，最后设置该图层的【模式】为【屏幕】，如图20.87所示。

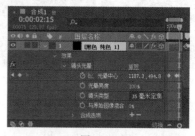

图 20.86

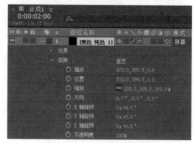

图 20.87

步骤 19 本综合实例制作完成，拖动时间线查看画面效果，如图20.88所示。

图 20.88

综合实例20.4：科技效果电影特效

文件路径：第20章　影视特效综合实例→综合实例：科技效果电影特效

在很多科幻特效电影中常见到很多不切实际的、超出想象的镜头，如人物的分身变化、抽象动画等。本综合实例主要使用CC Star Burst效果及【发光】效果制作背景星光效果，使用【分形杂色】效果制作人像下方的发电波，效果如图20.89所示。

扫一扫，看视频

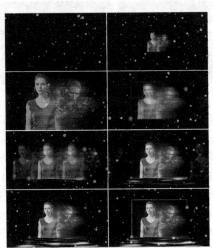

图 20.89

1. 制作背景光斑动画

步骤 01 在【项目】面板中右击，选择【新建合成】命令，在弹出的【合成设置】窗口中设置【合成名称】为【合成1】，【预设】为HDTV 1080 24，【宽度】为1920，【高度】为1080，【像素长宽比】为【方形像素】，【帧速率】为24，【分辨率】为【完整】，【持续时间】为8秒。执行【文件】/【导入】/【文件】命令，导入01.jpg素材文件。在【时间轴】面板的空白位置处右击，执行【新建】/【纯色】命令。此时，在弹出的【纯色设置】窗口中设置【名称】为【黑色 纯色1】，【颜色】为黑色，如图20.90所示。

图 20.90

步骤 02 在【效果和预设】面板搜索框中搜索CC Star Burst，将该效果拖曳到【时间轴】面板的纯色图层上，如图20.91所示。

图 20.91

步骤 03 在【时间轴】面板中选择这个纯色图层，打开该图层下方的【效果】/CC Star Burst，设置Scatter为240.0，Speed为0.50，Grid Spacing为10，如图20.92所示。此时，画面效果并不明显。

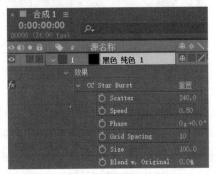

图 20.92

步骤 04 在【效果和预设】面板搜索框中搜索【发光】，将该效果拖曳到【时间轴】面板的纯色图层上，如

图20.93所示。

图20.93

步骤 05 在【时间轴】面板中选择纯色图层，打开该图层下方的【效果】/【发光】，设置【发光基于】为【Alpha通道】，【发光半径】为23.0，【发光强度】为5.0，【发光颜色】为【A和B颜色】，【颜色A】为粉色，【颜色B】为蓝色，如图20.94所示。此时，画面效果如图20.95所示。

图20.94　　　　　　　　图20.95

2. 制作人物特效动画

步骤 01 在【项目】面板中选择01.jpg素材文件，将其拖曳到【时间轴】面板中，如图20.96所示。

图20.96

步骤 02 在【时间轴】面板中单击打开01.jpg图层下方的【变换】，将时间线拖动到起始帧位置，单击【缩放】前的 ⊙（时间变化秒表）按钮，设置【缩放】为（0.0,0.0%）；将时间线拖动到2秒位置，设置【缩放】为（170.0,170.0%）；将时间线拖动到3秒位置，设置【缩放】为（90.0,90.0%），如图20.97所示。此时，动画效果如图20.98所示。

 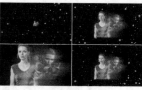

图20.97　　　　　　　　图20.98

步骤 03 在【效果和预设】面板搜索框中搜索【百叶窗】，将该效果拖曳到【时间轴】面板的01.jpg图层上，如图20.99所示。

图20.99

步骤 04 在【时间轴】面板中单击打开01.jpg图层下方的【效果】/【百叶窗】，将时间线拖动到3秒位置，单击【过渡完成】前的 ⊙（时间变化秒表）按钮，开启自动关键帧，设置【过渡完成】为30%；将时间线拖动到4秒位置，设置【过渡完成】为0%，继续设置【方向】为0x+90.0°，【宽度】为10，如图20.100所示。此时，动画效果如图20.101所示。

图20.100　　　　　　　　图20.101

步骤 05 在【时间轴】面板中选择01.jpg图层，使用快捷键Ctrl+D快速复制，如图20.102所示。接着选择并展开新复制的01.jpg图层（图层1），选择【效果】，按Delete键将其删除。接着展开【变换】，单击【缩放】前的 ⊙（时间变化秒表）按钮，关闭自动关键帧，并设置【缩放】为（90.0,90.0%）。将时间线拖动到3秒位置，单击【位置】前的 ⊙（时间变化秒表）按钮，开启自动关键帧，设置【位置】为（960.0,540.0）；将时间线拖动到4秒10帧位置，设置【位置】为（2005.0,540.0）；继续将时间线拖动到2秒15帧位置，单击【不透明度】前的 ⊙（时间变化秒表）按钮，设置【不透明度】为0%；将时间线拖动到3秒位置，设置【不透明度】为50%；将时间线拖动到5秒位置，设置【不透明度】为0%，如图20.103所示。

图 20.102 图 20.103

步骤 06 在【时间轴】面板中选择01.jpg图层（图层1），再次使用快捷键Ctrl+D复制图层，如图20.104所示。选择刚刚复制的01.jpg图层，展开该图层下方的【变换】，将时间线拖动到4秒10帧位置，更改【位置】为（−95.0,540.0），如图20.105所示。

图 20.104 图 20.105

步骤 07 此时，拖动时间线查看画面效果，如图20.106所示。

图 20.106

3. 制作特效元素

步骤 01 制作图片下方的光波。再次新建一个黑色的纯色图层，设置它的【模式】为【相加】，如图20.107所示。下面在【效果和预设】面板搜索框中搜索【分形杂色】，将该效果拖曳到【时间轴】面板的【黑色 纯色 2】图层上，如图20.108所示。

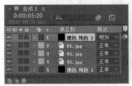

图 20.107 图 20.108

步骤 02 在【时间轴】面板中选择【黑色 纯色 2】图层，打开该图层下方的【效果】/【分形杂色】，设置【对比度】为150.0，【亮度】为−40.0；接着展开【变换】，设置【统一缩放】为【关】，【缩放宽度】为400.0，【缩放高度】为18.0，【复杂度】为1.5。将时间线拖动到3秒位置，单击【偏移（湍流）】前的 ◎（时间变化秒表）按钮，设置【偏移（湍流）】为（1500.0,540.0）；继续将时间线拖动到7秒23帧位置，设置【偏移（湍流）】为（1000.0,540.0），如图20.109所示。此时，画面效果如图20.110所示。

图 20.109

图 20.110

步骤 03 在【效果和预设】面板搜索框中搜索【发光】，将该效果拖曳到【时间轴】面板的【黑色 纯色 2】图层上，如图20.111所示。

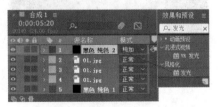

图 20.111

步骤 04 在【时间轴】面板中选择【黑色 纯色 2】图层，打开该图层下方的【效果】/【发光】，设置【发光阈值】为30.0%，【发光半径】为35.0，【发光强度】为2.5，【发光颜色】为【A和B颜色】，【颜色A】为藕荷色，【颜色B】

为青色，如图20.112所示。此时，画面效果如图20.113所示。

形状为梯形，此时在当前位置出现关键帧，如图20.116所示。

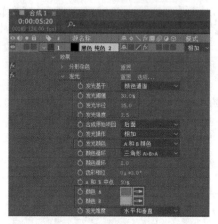

图20.112

图20.115

图20.113

步骤 05 在【时间轴】面板中选择【黑色 纯色2】图层，在工具栏中选择 ✍ (钢笔工具)，然后将光标移动到图片下方，单击建立锚点，绘制一个细长条四边形蒙版，如图20.114所示。

图20.116

步骤 07 在图片周围制作形状。首先在工具栏中选择 ◯ (椭圆工具)，设置【填充】为青色，接着按住Shift键的同时按住鼠标左键在人物图片左下角绘制一个较小的正圆，如图20.117所示。在【时间轴】面板中继续选择这个形状图层，使用同样的方法，继续在人物图片右上角绘制一个等大的正圆，如图20.118所示。

图20.114

步骤 06 单击打开【时间轴】面板【黑色 纯色2】图层下方的【蒙版】/【蒙版1】，设置【蒙版羽化】为(67.0,67.0)，将时间线拖动到3秒位置，单击【蒙版路径】前的 ⏱ (时间变化秒表)按钮，开启自动关键帧，如图20.115所示。将时间线拖动到5秒位置，在【合成】面板中调整蒙版

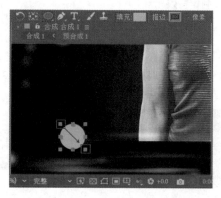

图20.117

图 20.118

步骤 08 在工具栏中选择 ◢ (钢笔工具)，设置【填充】为无，【描边】为青色，【描边宽度】为6像素，然后单击添加锚点，围绕着图片边缘将两个正圆进行连接，如图 20.119 所示。

图 20.119

步骤 09 在【时间轴】面板中选择【形状图层 1】和【形状图层 2】图层，使用快捷键Ctrl+Shift+C进行预合成，如图 20.120 所示。

步骤 10 在【预合成】窗口中设置【新合成名称】为【预合成 1】，此时在【时间轴】面板中得到【预合成 1】图层，如图 20.121 所示。

图 20.120　　　　　图 20.121

步骤 11 绘制蒙版。在工具栏中选择 ▢ (矩形工具)，在【合成】面板左下角绘制一个较小的矩形，在【时间轴】面板中单击打开【预合成 1】图层下方的【蒙

版】/【蒙版 1】，将时间线拖动到2秒位置，单击【蒙版路径】前的 ◉ (时间变化秒表) 按钮，开启自动关键帧，如图 20.122 所示。继续将时间线拖动到2秒15帧位置，调整【合成】面板中矩形形状的大小及位置，此时在【蒙版路径】后方自动出现关键帧，如图 20.123 所示。

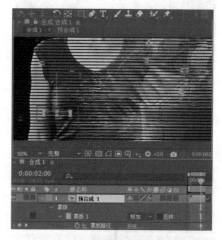

图 20.122

图 20.123

步骤 12 将时间线拖动到3秒位置，再次调整【合成】面板中矩形蒙版的形状，如图 20.124 所示。

步骤 13 在【效果和预设】面板搜索框中搜索CC WarpoMatic，将该效果拖曳到【时间轴】面板的【预合成 1】图层上，如图 20.125 所示。

图 20.124

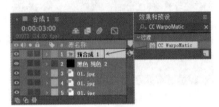

图 20.125

步骤 14 在【时间轴】面板中选择【预合成 1】图层，打开该图层下方的【效果】/CC WarpoMatic，设置Smoothness为18.00，将时间线拖动到4秒位置，单击Completion前的 ◎（时间变化秒表）按钮，设置Completion为40.0；将时间线拖动到5秒位置，设置Completion为100.0；将时间线拖动到6秒位置，设置Completion为40.0；最后将时间线拖动到7秒位置，设置Completion为100.0，如图20.126所示。

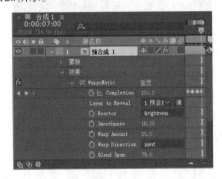

图 20.126

步骤 15 本综合实例制作完成，此时拖动时间线查看画面效果，如图20.127所示。

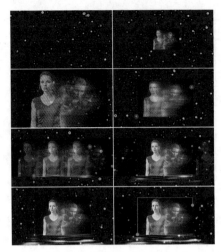

图 20.127

综合实例20.5：震撼地面冲击波特效动画

扫一扫，看视频

文件路径：第20章 影视特效综合实例→综合实例：震撼地面冲击波特效动画

冲击波、爆炸等刺激的镜头在影视作品中很常见，但是若采用实拍则难度很大，演员风险、支出巨大、镜头控制未知，难度可想而知，但是使用软件进行操作则简单很多。本综合实例主要使用CC Particle World效果制作爆破光源主体、四周的粒子以及爆破产生的碎片效果，使用【不透明度】表达式和【位置】表达式制作主体光效的环境光效及画面色调等，使用【蒙版】工具及【位置】关键帧完善细节。需注意，冲击波在冲击地面时镜头应该产生晃动和空气中产生碎片，会更真实，效果如图20.128所示。

图 20.128

1. 合成地面动画

步骤 01 在【项目】面板中右击，选择【新建合成】命令，在弹出的【合成设置】窗口中设置【合成名称】为【最终完成】，【预设】为【自定义】，【宽度】为864，【高度】为486，【像素长宽比】为【方形像素】，【帧速率】为

24,【分辨率】为【完整】,【持续时间】为10秒。执行【文件】/【导入】/【文件】命令,在弹出的【导入文件】窗口中导入全部素材文件。在【项目】面板中分别将【背景.jpg】【碎裂.mov】以及1.mov素材文件拖曳到【时间轴】面板中,并设置1.mov素材文件的起始时间为1秒,如图20.129所示。

步骤 02 在【时间轴】面板中选择1.mov图层,右击,执行【时间】/【启用时间重映射】命令,如图20.130所示。

图 20.129

图 20.130

步骤 03 此时,单击打开1.mov图层,可以看到下方的【时间重映射】关键帧,选择第2个关键帧,在关键帧上方右击,执行【切换定格关键帧】命令,如图20.131所示。继续选择1.mov图层,将结束时间设置为10秒,如图20.132所示。

图 20.131

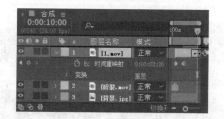

图 20.132

步骤 04 使用相同的方法制作【碎裂.mov】图层,将结

束时间同样设置为10秒,如图20.133所示。

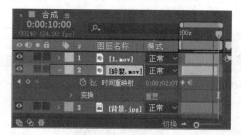

图 20.133

步骤 05 为了便于操作,我们在【时间轴】面板中先将1.mov素材文件进行隐藏,然后单击打开【碎裂.mov】图层下方的【变换】,设置【位置】为(458.0,376.0),【缩放】为(20.0,20.0%),如图20.134所示。

步骤 06 调整碎裂地面的颜色。在【效果和预设】面板搜索框中搜索【曲线】,将该效果拖曳到【时间轴】面板的【碎裂.mov】图层上,如图20.135所示。

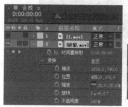

图 20.134

图 20.135

步骤 07 在【效果控件】面板中打开【曲线】效果,设置【通道】为RGB,接着在下方曲线的中间位置单击添加一个控制点并向右下角拖动,将亮度压暗,如图20.136所示。此时,画面效果如图20.137所示。

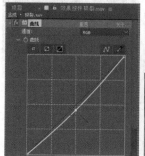

图 20.136

图 20.137

步骤 08 显现并选择1.mov图层,单击打开该图层下方的【变换】,设置【位置】为(204.2,393.4),【缩放】为(21.0,21.0%),如图20.138所示。接着单击打开【碎裂.mov】图层下方的【效果】,选择【曲线】效果,使用

快捷键Ctrl+C复制，接着选择1.mov图层，使用快捷键Ctrl+V粘贴，如图20.139所示。

图 20.138

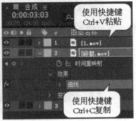
图 20.139

步骤 09 此时，画面中的1.mov素材变暗，如图20.140所示。

图 20.140

步骤 10 可以看出此时碎裂的地面与平整的地面并不相融合，接着设置【碎裂.mov】图层和1.mov图层的【模式】为【亮光】，如图20.141所示。此时，画面效果如图20.142所示。

图 20.141

图 20.142

2. 制作竖光粒子

步骤 01 在【时间轴】面板的空白位置处右击，执行【新建】/【纯色】命令。此时，在弹出的【纯色设置】窗口中设置【名称】为【中间的光】，【颜色】为黑色，如图20.143所示。

步骤 02 在【效果和预设】面板搜索框中搜索CC Particle World，将该效果拖曳到【时间轴】面板的纯色图层上，如图20.144所示。

图 20.143   图 20.144

步骤 03 在【时间轴】面板中选择纯色图层，打开该图层下方的【效果】/CC Particle World，设置Birth Rate为1.9，展开Producer，设置Position Y为0.03，Radius X为0.000，Radius Y为0.215，Radius Z为0.000。下面展开Physics，设置Animation为Twirl，Velocity为0.07，Gravity为–0.050，Extra为0.00，Extra Angle为0x+180.0°，接着展开Particle，设置Particle Type为TriPolygon，Birth Size为0.043，Death Size为0.027，Death Color为橘红色，如图20.145和图20.146所示。

图 20.145   图 20.146

步骤 04 单击打开【变换】，将时间线拖动到21帧位置，单击【位置】前的 （时间变化秒表）按钮，开启自动关键帧，设置【位置】为（456.0,243.0）；继续将时间线拖动到1秒位置，设置【位置】为（214.6,232.7），接着设置该图层的【模式】为【相加】，如图20.147所示。此时，画面效果如图20.148所示。

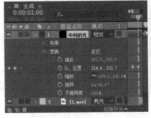

图 20.147   图 20.148

步骤 05 在【效果和预设】面板搜索框中搜索【发光】，将该效果拖曳到【时间轴】面板的纯色图层上，如图20.149所示。

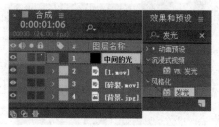

图 20.149

步骤 06 在【时间轴】面板中选择纯色图层，打开该图层下方的【效果】/【发光】，设置【发光阈值】为80.0%，【发光半径】为50.0，【发光强度】为50.0，【发光操作】为【相乘】，如图20.150所示。此时，光束效果如图20.151所示。

图 20.150　　　　　图 20.151

步骤 07 在【效果和预设】面板搜索框中搜索【定向模糊】，将该效果拖曳到【时间轴】面板的纯色图层上，如图20.152所示。

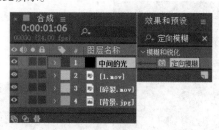

图 20.152

步骤 08 在【时间轴】面板中选择纯色图层，打开该图层下方的【效果】/【定向模糊】，设置【方向】为0x+10.0°，【模糊长度】为1.0，如图20.153所示。此时，光束效果如图20.154所示。

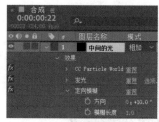

图 20.153　　　　　图 20.154

3. 制作主体光特效

步骤 01 在【项目】面板中将【烟雾.jpg】素材文件拖曳到【时间轴】面板中，如图20.155所示。

图 20.155

步骤 02 单击打开【烟雾.jpg】图层下方的【变换】，设置【缩放】为(50.0,50.0%)，如图20.156所示。选择【烟雾.jpg】图层，使用快捷键Ctrl+D复制该图层，如图20.157所示。

图 20.156　　　　　图 20.157

步骤 03 选择【烟雾.jpg】图层(图层2)，设置该图层的【选择轨道遮罩层】为【烟雾.jpg】，接着单击后方的 ▨（切换为亮度遮罩按钮）按钮，然后单击 ◪（遮罩已反转）按钮，如图20.158所示。此时，烟雾效果如图20.159所示。

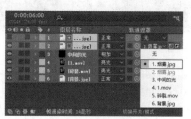

图 20.158

图 20.159

步骤 04 由于烟雾周围出现一个灰色的矩形框，破坏画面美感，下面我们将它去除。在【时间轴】面板中继续选择【烟雾.jpg】图层(图层2)，在工具栏中选择▇(矩形工具)，然后围绕烟雾绘制一个矩形蒙版，如图20.160所示。

步骤 05 加深烟雾的浓度。在【效果和预设】面板搜索框中搜索【填充】，将该效果拖曳到【时间轴】面板的【烟雾.jpg】图层(图层2)上，如图20.161所示。

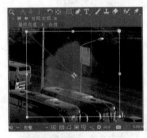

图 20.160   图 20.161

步骤 06 单击打开【烟雾.jpg】图层(图层2)下方的【效果】/【填充】，设置【颜色】为白色，如图20.162所示。此时，烟雾效果如图20.163所示。

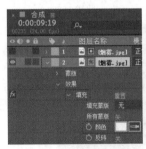

图 20.162   图 20.163

步骤 07 在【时间轴】面板中选择两个烟雾图层，使用快捷键Ctrl+Shift+C进行预合成，在【预合成】窗口中设置【新合成名称】为【主体光】，如图20.164所示。

步骤 08 在【效果和预设】面板搜索框中搜索CC Particle

World，将该效果拖曳到【时间轴】面板的【主体光】预合成图层上，如图20.165所示。

图 20.164

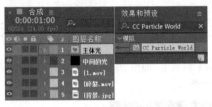

图 20.165

步骤 09 在【时间轴】面板中选择【主体光】预合成图层，打开该图层下方的【效果】/CC Particle World，设置Birth Rate为5.1，Longevity（sec）为0.73，展开Producer，设置Radius X为0.565，Radius Y为0.125，Radius Z为0.605。下面展开Physics，设置Velocity为1.27，Gravity为0.380，展开Particle，设置Particle Type为Lens Convex，Birth Size为2.419，Death Size为6.380，如图20.166所示。接着展开【变换】，将时间线拖动到21帧位置，单击【位置】前的◎(时间变化秒表)按钮，设置【位置】为(460.0,366.0)；将时间线拖动到1秒位置，设置【位置】为(209.6,355.7)，设置【缩放】为(52.2,52.2%)，接着设置该图层的【模式】为【相加】，如图20.167所示。

图 20.166   图 20.167

步骤 10 在【效果和预设】面板搜索框中搜索【色光】，将该效果拖曳到【时间轴】面板的【主体光】预合成图层上，如图20.168所示。

图20.173所示。

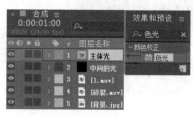

图 20.168

步骤 11 在【效果控件】面板中打开【色光】/【输入相位】，设置【获取相位，自】为Alpha；接着展开【输出循环】，编辑一个由白色到透明至由透明到黑色的色环，如图20.169所示。此时，画面效果如图20.170所示。

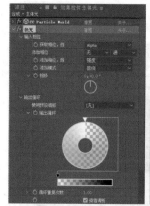

图 20.169   图 20.170

步骤 12 在【效果和预设】面板搜索框中搜索【曲线】，将该效果拖曳到【时间轴】面板的【主体光】预合成图层上，如图20.171所示。

图 20.172   图 20.173

步骤 14 将【通道】设置为【绿色】，将下方绿色曲线调整为S形状，如图20.174所示。继续将【通道】设置为【蓝色】，在蓝色曲线上单击添加一个控制点并向右下角拖动，减少画面中的蓝色数量，如图20.175所示。最后，将【通道】设置为Alpha，继续调整曲线为S形状，如图20.176所示。

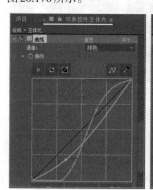
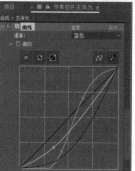

图 20.174   图 20.175

图 20.176

步骤 15 拖动时间线查看主体光效果，如图20.177所示。

图 20.171

步骤 13 选择【主体光】预合成图层，在【时间轴】面板中打开【曲线】效果，设置【通道】为RGB，在下方曲线上单击添加一个控制点并向右下角拖动，如图20.172所示。接着将【通道】设置为【红色】，在红色曲线上单击添加一个控制点并向左上角拖动，提高红色数量，如

步骤 16 在【效果和预设】面板搜索框中搜索CC Vector Blur，将该效果拖曳到【时间轴】面板的【主体光】预合成图层上，如图20.178所示。

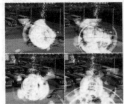

图 20.177　　　　　　图 20.178

步骤 17 在【时间轴】面板中选择【主体光】预合成图层，打开该图层下方的【效果】/CC Vector Blur，设置Amount为9.0，如图20.179所示。此时，主体光效果如图20.180所示。

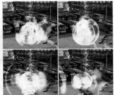

图 20.179　　　　　　图 20.180

4. 制作地面光特效

步骤 01 使用快捷键Ctrl+Y新建一个纯色图层，在【纯色设置】窗口中设置【名称】为【红色】，【颜色】为西瓜红，单击【确定】按钮，如图20.181所示。在【时间轴】面板中选择【红色】纯色图层，在工具栏中选择（钢笔工具），然后在画面中绘制一个合适的蒙版，如图20.182所示。

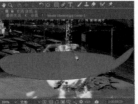

图 20.181　　　　　　图 20.182

步骤 02 在【时间轴】面板中单击打开【红色】图层下方

的【蒙版】/ Mask 1，设置【蒙版羽化】为（28.0,28.0），如图20.183所示。此时，形状效果如图20.184所示。

图 20.183　　　　　　图 20.184

步骤 03 继续单击打开【红色】图层下方的【变换】，将时间线拖动到21帧位置，单击【位置】前的（时间变化秒表）按钮，设置【位置】为（465.0,243.0）；将时间线拖动到1秒位置，设置【位置】为（214.6,232.7），如图20.185所示。下面选择【主体光】预合成图层，将轨道遮罩设置为【Alpha遮罩"红色"】，如图20.186所示，此时【红色】图层对该图层发生作用。

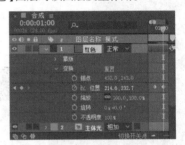

图 20.185

图 20.186

步骤 04 拖动时间线查看主体光效果，如图20.187所示。

图 20.187

步骤 05 此时，主体光与地面衔接的地方有些生硬，下面在主体光底部制作它的环境光。使用快捷键Ctrl+Y快速新建纯色图层，在弹出的【纯色设置】窗口中设置【名称】为【底部环境光】，【颜色】为黄色，如图20.188所示。

步骤 06 在【时间轴】面板中选择【底部环境光】图层，开启 3D图层，接着展开【变换】属性，设置【缩放】为（79.0,79.0,79.0%），【方向】为（270.0°,0.0°,0.0°）；将时间线拖动到21帧位置，单击【位置】前的（时间变化秒表）按钮，设置【位置】为（465.0,417.0,0.0）；将时间线拖动到1秒位置，设置【位置】为（214.6,406.7,0.0），最后设置该图层的【模式】为【相加】，如图20.189所示。

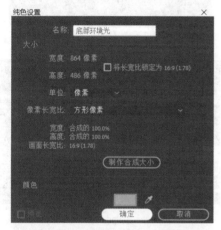

图 20.188

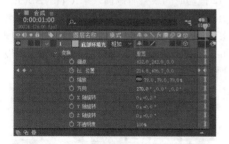

图 20.189

步骤 07 继续在【时间轴】面板中选择【底部环境光】图层，在工具栏中选择（钢笔工具），接着在画面中绘制一个类似椭圆形的形状遮罩，如图20.190所示。在【时间轴】面板中单击打开【底部环境光】图层下方的【蒙版】/ Mask 1，设置【蒙版羽化】为（200.0,200.0），【蒙版扩展】为-25.0，如图20.191所示。此时，环境光的边缘变得更加柔和。

图 20.190

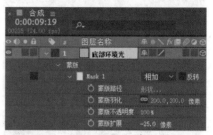

图 20.191

步骤 08 制作不透明度表达式。首先展开【底部环境光】图层下方的【变换】，按住Alt键的同时单击【不透明度】前的（时间变化秒表）按钮，此时出现表达式，如图20.192所示。单击【表达式：不透明度】后方的（表达式语言菜单）按钮，在弹出的菜单中执行Random Numbers/random()命令，如图20.193所示。

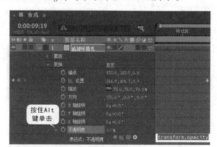

图 20.192

图 20.193

步骤 09 在【时间轴】面板中编辑random()的值为100，

如图20.194所示。此时，拖动时间线查看环境光效果，如图20.195所示。

图 20.194

图 20.195

步骤 10 制作主体光效周围的粒子光点。再次新建一个黑色纯色图层，将它命名为【四周的光粒子】，接着在【效果和预设】面板搜索框中搜索CC Particle World，将该效果拖曳到【时间轴】面板中刚刚新建的【四周的光粒子】图层上，如图20.196所示。

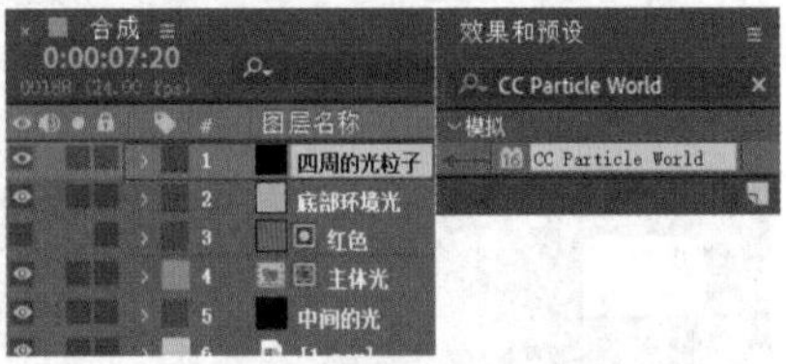

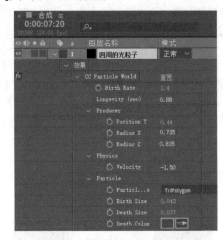

图 20.196

步骤 11 在【时间轴】面板中选择【四周的光粒子】图层，打开该图层下方的【效果】/CC Particle World，设置Birth Rate为1.4，Longevity（sec）为0.88；展开Pro-ducer，设置Position Y为0.44，Radius X为0.735，Radius Z为0.835；展开Physics，设置Velocity为−1.50；展开Particle，设置Particle Type为TriPolygon，Birth Size为0.043，Death Size为0.077，Death Color为橘红色，如图20.197所示。接着展开【变换】，将时间线拖动到21帧位置，单击【位置】前的 ⏱（时间变化秒表）按钮，设置【位置】为（465.0,243.0）；将时间线拖动到1秒位置，

设置【位置】为（214.6,232.7），设置该图层的【模式】为【屏幕】，如图20.198所示。

图 20.197

图 20.198

步骤 12 拖动时间线查看画面效果，如图20.199所示。

步骤 13 再次新建一个黑色纯色图层，将它命名为【漂浮物】，然后在【效果和预设】面板搜索框中搜索CC Particle World，将该效果拖曳到【时间轴】面板的【漂浮物】图层上，如图20.200所示。

图 20.199

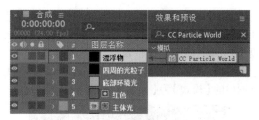

图 20.200

步骤 14 在【时间轴】面板中选择【漂浮物】图层，打开该图层下方的【效果】/CC Particle World，设置Birth Rate为1.0；展开Producer，设置Position Y为0.10，Radius X为1.000，Radius Y为0.500，Radius Z为1.000；展开Physics，设置Animation为Jet Sideways，Velocity为-0.50，Gravity为-0.160，Extra为0.57，Extra Angle为1x+170.0°，如图20.201所示。接着展开Particle，设置Particle Type为Cube，Birth Size为0.160，Death Size为0.100，Birth Color为浅灰色，Death Color为深棕色；展开【变换】属性，设置【位置】为(465.0,243.0)，如图20.202所示。

图 20.201　　　　　图 20.202

步骤 15 拖动时间线查看画面效果，如图20.203所示。

图 20.203

步骤 16 在【时间轴】面板中使用快捷键Ctrl+A选择全部图层，接着使用快捷键Ctrl+Shift+C进行预合成，在弹出的【预合成】窗口中设置【新合成名称】为【合成】，如图20.204所示。

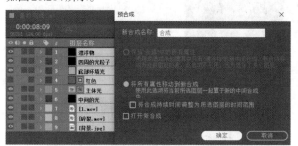

图 20.204

步骤 17 在【效果和预设】面板搜索框搜索【动态拼贴】，将该效果拖曳到【时间轴】面板的【合成】图层上，如图20.205所示。

图 20.205

步骤 18 在【时间轴】面板中单击打开【合成】图层下方的【效果】/【动态拼贴】，设置【输出宽度】为110.0，【输出高度】为110.0，【镜像边缘】为【开】，如图20.206所示。接着展开【变换】，按住Alt键的同时单击【位置】前的◎（时间变化秒表）按钮，此时出现表达式，如图20.207所示。

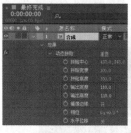 

图 20.206　　　　　图 20.207

步骤 19 单击【表达式：位置】后方的◎（表达式语言菜单）按钮，在弹出的菜单中执行Property/wiggle(freq,amp,octaves=1,amp_mult=.5,t=time)命令，如图20.208所示。接着在【时间轴】面板中编辑wiggle为(8,10)，如图20.209所示。

图 20.208

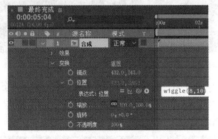

图 20.209

步骤 20 拖动时间线查看画面效果，如图 20.210 所示。

图 20.210

步骤 21 调整画面色调。使用快捷键Ctrl+Y创建纯色图层，在【纯色设置】窗口中设置【颜色】为浅橙色，如图 20.211 所示。

图 20.211

步骤 22 在【时间轴】面板中单击打开【中间色橙色 纯色 1】图层下方的【变换】，按住Alt键的同时单击【不透明度】前的 ⏱ (时间变化秒表)按钮，此时出现表达式，在【时间轴】面板中编辑表达式为wiggle(8,15)，最后设置该图层的【模式】为【相加】，如图 20.212 所示。

图 20.212

步骤 23 本综合实例制作完成，拖动时间线查看画面效果，如图 20.213 所示。

图 20.213

Chapter
21
第21章

扫一扫，看视频

UI动效综合实例

本章内容简介：

随着移动互联网的普及，手机APP产品井喷式爆发，因此UI设计的需求也越来越多，除了静态的UI界面设计之外，UI动效也是UI设计中最主要的环节之一。通过本章的学习，可以掌握UI动效的常用方法。本章主要包括APP图标动画、按钮动画的制作等内容。

重点知识掌握：

- APP图标动画的制作
- 按钮动画的制作
- 进度条动画的制作

综合实例21.1：制作切换按钮动画

扫一扫，看视频

文件路径：第21章 UI动效综合实例→
综合实例：制作切换按钮动画

本综合实例主要使用【矩形工具】制作
按钮，使用【卡片擦除】【球面化】等效果
制作文字的动画效果，效果如图21.1所示。

图21.1

步骤 01 在【项目】面板中右击，选择【新建合成】命
令，在弹出的【合成设置】窗口中设置【合成名称】为
【合成1】，【预设】为NTSC DV，【宽度】为720，【高度】
为480，【像素长宽比】为D1/DV NTSC（0.91），【帧速率】
为29.97，【分辨率】为【完整】，【持续时间】为7秒。在
【时间轴】面板的空白位置处右击，执行【新建】/【纯
色】命令，在弹出的【纯色设置】窗口中设置【名称】为
【深灰色 纯色1】，【宽度】为720，【高度】为480，【颜色】
为黑色，如图21.2所示。

图21.2

步骤 02 在【时间轴】面板中选中【深灰色 纯色1】图
层，并将光标定位在该图层上，右击，执行【图层样式】/
【渐变叠加】命令，如图21.3所示。

图21.3

步骤 03 在【时间轴】面板中单击打开【深灰色 纯色1】
图层下方的【图层样式】/【渐变叠加】，单击【颜色】后
方的【编辑渐变】按钮，在弹出的【渐变编辑器】窗口中
编辑一个由浅咖色到蓝灰色的渐变，接着设置【样式】
为【径向】，【缩放】为145.0%，如图21.4所示。此时，
画面效果如图21.5所示。

图21.4

图21.5

步骤 04 在工具栏中选择 ▢（矩形工具），设置【填充】
为白色，【描边】为无，接着在【合成】面板中绘制一个
长条矩形并适当调整它的位置，如图21.6所示。

图21.6

步骤 05 为该矩形图层添加阴影效果。在【时间轴】面板中选中【形状图层 1】图层，并将光标定位在该图层上，右击，执行【图层样式】/【投影】命令，如图21.7所示。

图 21.7

步骤 06 在【时间轴】面板中单击打开【形状图层 1】图层下方的【图层样式】/【投影】，设置【不透明度】为35%，如图21.8所示。此时，画面效果如图21.9所示。

图 21.8   图 21.9

步骤 07 制作按钮部分。再次在工具栏中选择 ▣（矩形工具），设置【填充】为粉色，【描边】为无，接着在【合成】面板中绘制矩形并适当调整它的位置，如图21.10所示。

步骤 08 制作按钮的立体效果。在【时间轴】面板中选中【形状图层 2】图层，并将光标定位在该图层上，右击，执行【图层样式】/【投影】及【斜面和浮雕】命令，如图21.11所示。

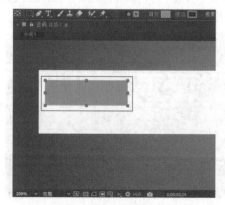

图 21.10

图 21.11

步骤 09 在【时间轴】面板中单击打开【形状图层 2】图层下方的【图层样式】/【投影】，设置【不透明度】为30%，【距离】为3.0；接着打开【斜面和浮雕】，设置【阴影颜色】为淡粉色，如图21.12所示。此时，画面效果如图21.13所示。

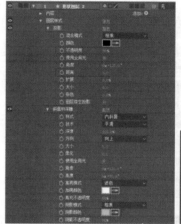

图 21.12   图 21.13

步骤 10 在【时间轴】面板的空白位置处右击，执行【新建】/【文本】命令。接着在【字符】面板中设置合适的【字体系列】，【填充】为白色，【描边】为无，【字体大小】为20像素，在【段落】面板中选择 ▤（左对齐文本），设置完成后输入文本Enter，如图21.14所示。

图 21.14

步骤 11 在【时间轴】面板中选中当前的文本图层和【形状图层 2】图层，如图21.15所示。

步骤 12 使用【预合成】快捷键Ctrl+Shift+C，在弹出的【预合成】窗口中单击【确定】按钮。此时，在【时间轴】面板中得到【预合成 1】图层，如图21.16所示。

图 21.15　　　　　　　　图 21.16

步骤 13 使用与该按钮相同的制作方法制作其他3个按钮并为其设置合适的颜色，如图21.17所示。

图 21.17

步骤 14 在【效果和预设】面板中搜索【卡片擦除】，将该效果拖曳到【时间轴】面板的【预合成 1】图层上，如图21.18所示。

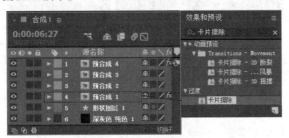

图 21.18

步骤 15 在【时间轴】面板中单击打开【预合成 1】图层下方的【效果】/【卡片擦除】，设置【翻转轴】为X，【翻转方向】为【正向】，【翻转顺序】为【从左到右】；将时间线拖动到起始帧位置，单击【过渡完成】前的 ⏱（时间变化秒表）按钮，设置【过渡完成】为0%；再将时间线拖动到1秒位置，设置【过渡完成】为100%，如图21.19所示。此时，拖动时间线查看效果，如图21.20所示。

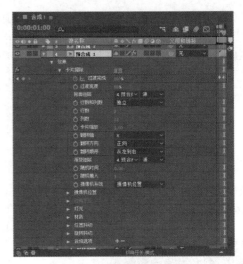

图 21.19

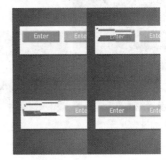

图 21.20

步骤 16 在【时间轴】面板中单击打开【预合成 2】图层下方的【变换】，将时间线拖动到1秒位置，单击【缩放】前的 ⏱（时间变化秒表）按钮，设置【缩放】为（100.0,100.0%）；将时间线拖动到1秒15帧位置，设置【缩放】为（130.0,130.0%）；继续将时间线拖动到2秒位置，设置【缩放】为（100.0,100.0%），如图21.21所示。此时，拖动时间线查看效果，如图21.22所示。

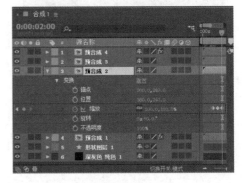

图 21.21

中文版After Effects 2023从入门到实战（全程视频版）（下册）

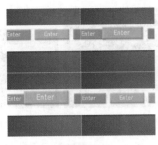

图 21.22

步骤 17 在【时间轴】面板中单击打开【预合成 3】图层下方的【变换】，将时间线拖动到 2 秒位置，单击【不透明度】前的 ◎（时间变化秒表）按钮，设置【不透明度】为 100%；将时间线拖动到 2 秒 08 帧位置，设置【不透明度】为 0%；将时间线拖动到 2 秒 15 帧位置，设置【不透明度】为 100%；将时间线拖动到 2 秒 22 帧位置，设置【不透明度】为 0%；最后将时间线拖动到 3 秒位置，设置【不透明度】为 100%，如图 21.23 所示。此时，拖动时间线查看效果，如图 21.24 所示。

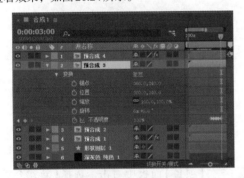

图 21.23

图 21.24

步骤 18 在【效果和预设】面板中搜索【球面化】，将该效果拖曳到【时间轴】面板的【预合成 4】图层上，如图 21.25 所示。

步骤 19 在【时间轴】面板中单击打开【预合成 4】图层下方的【效果】/【球面化】，设置【球面中心】为（575.0,240.0），将时间线拖动到 3 秒位置，单击【半径】前的 ◎（时间变化秒表）按钮，设置【半径】为 0.0；将

时间线拖动到 3 秒 15 帧位置，设置【半径】为 165.0；继续将时间线拖动到 4 秒位置，设置【半径】为 0.0，如图 21.26 所示。此时，拖动时间线查看效果，如图 21.27 所示。

图 21.25

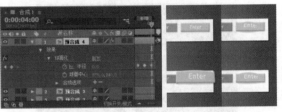

图 21.26　　　　　　　　　图 21.27

步骤 20 在第 1 个按钮下方输入文字。再次在【时间轴】面板的空白位置处右击，执行【新建】/【文本】命令。接着在【字符】面板中设置合适的【字体系列】，【填充】为黑色，【描边】为无，【字体大小】为 18 像素，设置完成后输入文本 Normal 并适当调整文字位置，如图 21.28 所示。

图 21.28

步骤 21 在不改变文字参数的情况下，继续在其他 3 个按钮下方输入文字并适当调整文字位置，如图 21.29 所示。

步骤 22 在【时间轴】面板中选择 4 个按钮下方的 4 个文本图层，如图 21.30 所示。

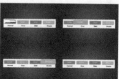

图 21.29　　　　　图 21.30

图 21.33　　　　　图 21.34

步骤 23 使用【预合成】快捷键Ctrl+Shift+C，在弹出的【预合成】窗口中单击【确定】按钮。此时，在【时间轴】面板中得到【预合成 5】图层，如图21.31所示。

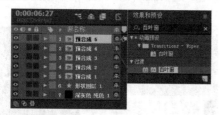

图 21.31

步骤 24 在【效果和预设】面板中搜索【百叶窗】效果，将该效果拖曳到【时间轴】面板的【预合成 5】图层上，如图21.32所示。

图 21.32

步骤 25 在【时间轴】面板中单击打开【预合成 5】图层下方的【效果】/【百叶窗】，设置【宽度】为30，将时间线拖动到4秒位置，单击【过渡完成】前的 ◎ (时间变化秒表) 按钮，设置【过渡完成】为0%；将时间线拖动到4秒15帧位置，设置【过渡完成】为100%；将时间线拖动到4秒20帧位置，设置【过渡完成】为100%；最后将时间线拖动到5秒10帧位置，设置【过渡完成】为0%，如图21.33所示。

步骤 26 本综合实例制作完成，拖动时间线查看画面效果，如图21.34所示。

综合实例21.2：制作进度条动画

扫一扫，看视频

文件路径：第21章 UI动效综合实例→综合实例：制作进度条动画

　　本综合实例主要使用【圆角矩形工具】制作形状，使用【内阴影】【投影】及【斜面和浮雕】等图层样式为进度条添加立体效果，最后使用【编号】效果为数字制作出递增的数字效果，效果如图21.35所示。

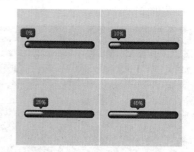

图 21.35

步骤 01 在【项目】面板中右击，选择【新建合成】命令，在弹出的【合成设置】窗口中设置【合成名称】为【合成 1】，【预设】为PAL D1/DV，【宽度】为720，【高度】为576，【像素长宽比】为D1/DV PAL（1.09），【帧速率】为25，【分辨率】为【完整】，【持续时间】为5秒。在【时间轴】面板的空白位置处右击，执行【新建】/【纯色】命令，在弹出的【纯色设置】窗口中设置【名称】为【中间色橙色 纯色 1】，【宽度】为720，【高度】为576，【颜色】为黄色，如图21.36所示。

步骤 02 在工具栏中选择 ■ (圆角矩形工具)，并设置【填充】为蓝色，【描边】为无，设置完成后在画面中合适位置处单击绘制形状，如图21.37所示。

步骤 03 在【时间轴】面板中单击打开【形状图层 1】图层下方的【内容】/【矩形 1】/【矩形路径 1】，设置【圆度】为57.0；接着打开【变换】，设置【位置】为(358.0,288.0)，如图21.38所示。此时，圆角矩形效果如图21.39所示。

中文版After Effects 2023从入门到实战（全程视频版）（下册）

图 21.36　　　　　　　图 21.37

图 21.38　　　　　　　图 21.39

步骤 04 为该形状图层添加图层样式。在【时间轴】面板中选中【形状图层 1】图层，并将光标定位在该图层上，右击，执行【图层样式】/【内阴影】命令。在【时间轴】面板中单击打开【形状图层 1】图层下方的【图层样式】/【内阴影】，设置【不透明度】为100%，【大小】为40.0，如图21.40所示。此时，画面效果如图21.41所示。

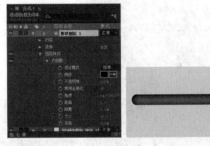

图 21.40　　　　　　　图 21.41

步骤 05 再次在工具栏中选择▢（圆角矩形工具），并设置【填充】为橙色，【描边】为无，设置完成后在蓝色圆角矩形内部绘制形状，如图21.42所示。

步骤 06 在【时间轴】面板中选中【形状图层 2】图层，并将光标定位在该图层上，右击，执行【图层样式】/【斜面和浮雕】命令，如图21.43所示。

步骤 07 在【时间轴】面板中单击打开【形状图层 2】图层下方的【图层样式】/【斜面和浮雕】，设置【大小】为

17.0，【高光不透明度】为100%，【阴影颜色】为褐色，如图21.44所示。此时，圆角矩形效果如图21.45所示。

图 21.42

图 21.43

图 21.44　　　　　　　图 21.45

步骤 08 继续选中【形状图层 2】图层，并将光标定位在该图层上，右击，执行【图层样式】/【投影】命令。在【时间轴】面板中单击打开【形状图层 2】图层下方的【图层样式】/【投影】，设置【不透明度】为60%，【角度】为0x+90.0°，如图21.46所示。此时，圆角矩形呈现空间感，效果如图21.47所示。

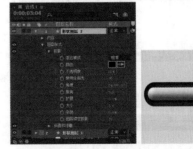

图 21.46　　　　　　　图 21.47

步骤 09 制作蒙版。在【时间轴】面板中选择【形状图层2】图层，在工具栏中选择■(圆角矩形工具)，单击■(工具创建蒙版)按钮，然后在橙色矩形上方绘制一个较小的圆角矩形蒙版，如图21.48所示。此时，蒙版内部为显示部分，蒙版外部为隐藏部分。

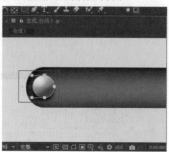

图 21.48

步骤 10 在【时间轴】面板中单击打开【形状图层2】/【蒙版】/【蒙版1】，将时间线拖动到起始帧位置，单击【蒙版路径】前的⏱(时间变化秒表)按钮；将时间线拖动到1秒15帧位置，在【合成】面板中调整蒙版形状，使橙色圆角矩形完全显现出来，随着形状的调整，在【蒙版路径】后方自动出现关键帧，如图21.49所示。拖动时间线查看形状的动画效果，如图21.50所示。

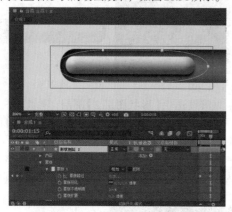

图 21.49

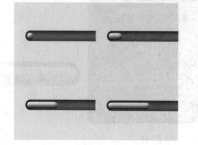

图 21.50

步骤 11 制作进度条上方的气泡框。首先在工具栏中选择■(圆角矩形工具)，并设置【填充】为蓝色，【描边】为无，设置完成后在进度条上方进行绘制，如图21.51所示。

步骤 12 在【时间轴】面板中选择刚绘制的【形状图层3】，在工具栏中选择✍(钢笔工具)，设置【填充】同样为蓝色，【描边】为无，接着在蓝色圆角矩形下方绘制一个三角形，如图21.52所示。

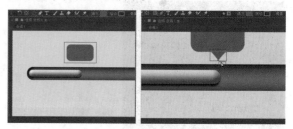

图 21.51　　　　　　　　图 21.52

步骤 13 在【时间轴】面板中选中【形状图层3】图层，并将光标定位在该图层上，右击，执行【图层样式】/【斜面和浮雕】命令。在【时间轴】面板中单击打开【形状图层3】图层下方的【变换】，设置【位置】为(360.0,285.0)；打开【图层样式】/【斜面和浮雕】，设置【大小】为8.0，【高光不透明度】为100%，如图21.53所示。此时，气泡框效果如图21.54所示。

图 21.53　　　　　　　　图 21.54

步骤 14 制作文字部分。在【时间轴】面板的空白位置处右击，执行【新建】/【文本】命令。接着在【字符】面板中设置合适的【字体系列】，【填充】为白色，【描边】为无，【字体大小】为50像素，在【段落】面板中选择■(居中对齐文本)，设置完成后输入文本40，如图21.55所示。

中文版After Effects 2023从入门到实战（全程视频版）（下册）

图 21.55

步骤 15 在【效果和预设】面板中搜索【编号】，将该效果拖曳到【时间轴】面板的40文本图层上，如图21.56所示。

图 21.56

步骤 16 在【时间轴】面板中单击打开该文本图层下方的【效果】/【编号】/【格式】，设置【小数位数】为0，将时间线拖动到起始帧位置，单击【数值/位移/随机最大】前的 ⏱ (时间变化秒表)按钮，设置【数值/位移/随机最大】为0.00；再将时间线拖动到1秒15帧位置，设置【数值/位移/随机最大】为40.00，打开【变换】，设置【位置】为(301.0,219.0)，如图21.57所示。此时，拖动时间线查看效果，如图21.58所示。

图 21.57

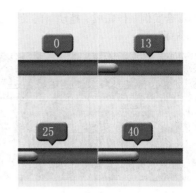

图 21.58

步骤 17 再次在【时间轴】面板的空白位置处右击，执行【新建】/【文本】命令，在【字符】面板中设置合适的【字体系列】，【填充】为白色，【描边】为无，【字体大小】为50像素，设置完成后输入文本%，并适当调整它的位置，如图21.59所示。

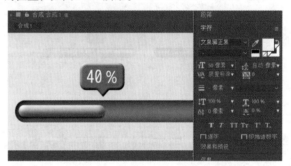

图 21.59

步骤 18 在【时间轴】面板中选中当前的图层1~图层3，如图21.60所示。

步骤 19 使用【预合成】快捷键Ctrl+Shift+C，此时在【时间轴】面板中得到【预合成1】图层，如图21.61所示。

图 21.60   图 21.61

步骤 20 为【预合成1】图层制作动画效果。在【时间轴】面板中打开【预合成1】图层下方的【变换】，将时间线拖动到起始帧位置，单击【位置】前的 ⏱ (时间变化秒表)按钮，设置【位置】为(133.0,288.0)；再将时间线拖动到1秒15帧位置，设置【位置】为(360.0,288.0)，如图21.62所示。

步骤 21 本综合实例制作完成，拖动时间线查看画面效果，如图21.63所示。

图 21.62

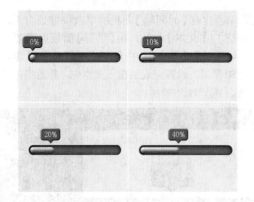

图 21.63

综合实例21.3：制作手机界面模块动画

扫一扫，看视频

文件路径：第21章 UI动效综合实例→综合实例：制作手机界面模块动画

本综合实例主要使用【圆角矩形工具】绘制手机界面的背景模块，使用【椭圆工具】搭配【钢笔工具】制作出播放按钮，最后使用文字预设制作具有震撼效果的文字动画，效果如图21.64所示。

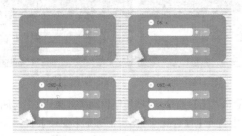

图 21.64

步骤 01 在【项目】面板中右击，选择【新建合成】命令，在弹出的【合成设置】窗口中设置【合成名称】为【合成

1】，【预设】为【PAL D1/DV宽银幕方形像素】，【宽度】为1050，【高度】为576，【像素长宽比】为【方形像素】，【帧速率】为25，【分辨率】为【完整】，【持续时间】为5秒。执行【文件】/【导入】/【文件】命令，在弹出的【导入文件】窗口中导入全部素材文件，如图21.65所示。

步骤 02 将【项目】面板中的01.jpg素材文件拖曳到【时间轴】面板中，如图21.66所示。

图 21.65

图 21.66

步骤 03 在【时间轴】面板中打开该图层下方的【变换】，设置【缩放】为（108.0,108.0%），如图21.67所示。此时，背景效果如图21.68所示。

图 21.67   图 21.68

步骤 04 在画面中绘制形状。在工具栏中选择▇（圆角矩形工具），并设置【填充】为蓝色，【描边】为无，设置完成后在画面中合适位置绘制圆角矩形形状，如图21.69所示。

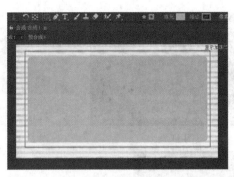

图 21.69

步骤 05 在【时间轴】面板中单击打开【形状图层 1】图层下方的【内容】/【矩形 1】/【矩形路径 1】，设置【圆度】为55.0；接着打开【变换】，设置【位置】为(521.0,282.0)，如图 21.70所示。此时，圆角矩形效果如图 21.71 所示。

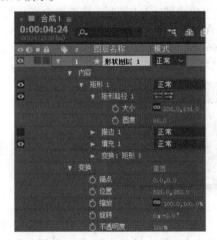

图 21.70

图 21.71

步骤 06 在蓝色圆角矩形上方制作输入框。再次在工具栏中选择█（圆角矩形工具），并设置【填充】为橙色，【描边】为无，设置完成后在画面中合适位置拖动绘制形状，如图 21.72所示。

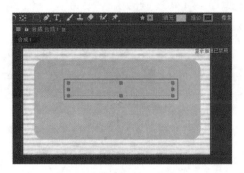

图 21.72

步骤 07 在不选中任何图层的前提下，在工具栏中更改【填充】为较深一些的橙色，【描边】为无，设置完成后在橙色圆角矩形上方合适位置绘制形状，如图 21.73所示。

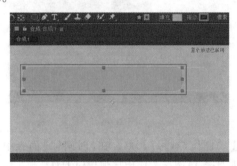

图 21.73

步骤 08 使用相同的方法再次绘制一个白色圆角矩形，如图 21.74 所示。

图 21.74

步骤 09 制作符号。在工具栏中选择█（矩形工具），并设置【填充】为白色，【描边】为无，设置完成后在较深的橙色形状上绘制长条形状并适当调整形状的位置；接着继续使用相同的方法在长条形状上方绘制一个白色竖条形状并调整它的位置，如图 21.75和图 21.76所示。

图 21.75

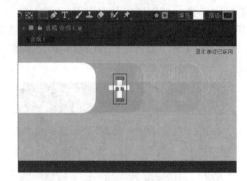

图 21.76

步骤 10 制作"减号"形状，在【时间轴】面板中选择【形状图层 5】图层，使用快捷键Ctrl+D复制，接着将复制出的【形状图层 7】拖曳到所有图层的最上方，如图21.77所示。

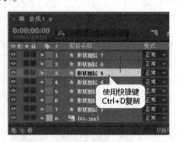

图 21.77

步骤 11 在【时间轴】面板中打开【形状图层 7】图层下方的【变换】，设置【位置】为(525.0,109.0)，如图21.78所示。此时，画面效果如图21.79所示。

步骤 12 在【时间轴】面板中选中当前的图层1~图层6，如图21.80所示。

步骤 13 使用【预合成】快捷键Ctrl+Shift+C，在弹出的【预合成】窗口中单击【确定】按钮，此时在【时间轴】面板中得到【预合成 1】图层，如图21.81所示。

图 21.78　　　　　　　　图 21.79

图 21.80　　　　　　　　图 21.81

步骤 14 在【时间轴】面板中选择【预合成 1】图层，使用快捷键Ctrl+D复制，接着单击打开刚刚复制的【预合成 1】图层，在【变换】下方设置【位置】为(525.0,466.0)，如图21.82所示。此时，画面效果如图21.83所示。

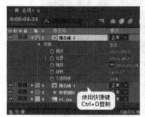 

图 21.82　　　　　　　　图 21.83

步骤 15 制作播放按钮。在工具栏中选择（椭圆工具），设置【填充】为白色，【描边】为无，设置完成后在画面中合适位置按住Shift键的同时按住鼠标左键绘制正圆，如图21.84所示。在【时间轴】面板中选择刚绘制的图层，接着在工具栏中选择（钢笔工具），设置【填充】为橙色，【描边】为无，在白色正圆的中心位置绘制一个三角形，如图21.85所示。

图 21.84　　　　　　　　图 21.85

步骤 16 在【时间轴】面板中单击打开【形状图层 2】图层下方的【变换】，设置【位置】为(521.0,288.0)，将时间线拖动到起始帧位置，单击【缩放】前的 ⏱ (时间变化秒表)按钮，设置【缩放】为(0.0,0.0%)；继续将时间线拖动到7帧位置，设置【缩放】为(100.0,100.0%)，如图21.86所示。此时，画面效果如图21.87所示。

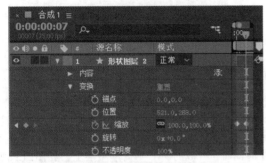

图 21.86

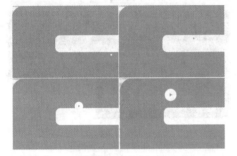

图 21.87

步骤 17 选择当前【时间轴】面板中的【形状图层 2】图层，使用快捷键Ctrl+D复制，如图21.88所示。

图 21.88

步骤 18 展开当前图层1也就是新复制的【形状图层 3】图层，在【变换】下方更改【位置】为(523.0,476.0)，将时间线拖动到1秒15帧位置，框选【缩放】后方的两个关键帧将其选中，接着按住鼠标左键向时间线位置移动，如图21.89所示。此时，该形状效果如图21.90所示。

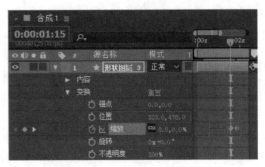

图 21.89

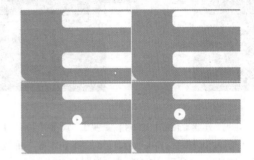

图 21.90

步骤 19 制作文字部分。在【时间轴】面板的空白位置处右击，执行【新建】/【文本】命令。接着在【字符】面板中设置合适的【字体系列】，【填充】为深灰色，【描边】为无，【字体大小】为50像素，单击 T (仿粗体)按钮，设置完成后输入文本ONE-A并适当调整文本位置，如图21.91所示。

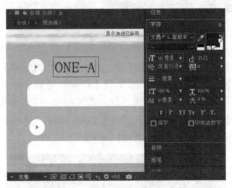

图 21.91

步骤 20 在【时间轴】面板中选中ONE-A文本图层，将光标定位在该图层上，使用快捷键Ctrl+D复制，如图21.92所示。选择新复制的ONE-A 2，右击，在弹出的快捷菜单中选择【重命名】命令，将其重命名为ONE-B，如图21.93所示。

图 21.92

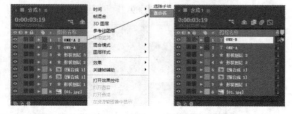

图 21.93

步骤 21 打开该图层下方的【变换】，设置【位置】为
(404.0,339.0)，如图 21.94 所示。然后在【合成】面板中
将该文本 ONE-A 更改为 ONE-B，如图 21.95 所示。

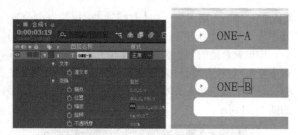

图 21.94   图 21.95

步骤 22 为这两个文本添加动画效果。首先在【时间轴】
面板中选择 ONE-A 文本图层，然后将时间线拖动到起始
帧位置。此时在【效果和预设】面板中搜索【伸缩进入
每个单词】动画预设，将该预设效果拖曳到【时间轴】面
板的 ONE-A 文本图层上，如图 21.96 所示。此时，文字
自动生成动画效果，如图 21.97 所示。

图 21.96

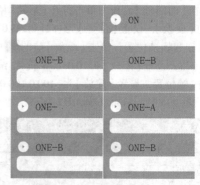

图 21.97

步骤 23 在【时间轴】面板中选择 ONE-B 文本图层，然
后将时间线拖动到 1 秒 20 帧位置，此时在【效果和预设】
面板中搜索【下雨字符入】动画预设，将该预设效果拖曳
到【时间轴】面板的 ONE-B 文本图层上，如图 21.98 所
示。此时，文字自动生成动画效果，如图 21.99 所示。

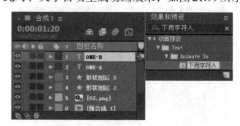

图 21.98

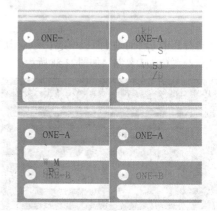

图 21.99

步骤 24 在【项目】面板中将 02.png 素材文件拖曳到【时
间轴】面板中，如图 21.100 所示。

步骤 25 在【时间轴】面板中单击打开 02.png 图层下方
的【变换】，设置【位置】为(139.0,426.0)，将时间线拖
动到 15 帧位置，单击【不透明度】前的 ◎（时间变化秒
表）按钮，设置【不透明度】为 0%；将时间线拖动到 1 秒

中文版 After Effects 2023 从入门到实战（全程视频版）（下册）

10帧位置，设置【不透明度】为100%，如图21.101所示。

图 21.100

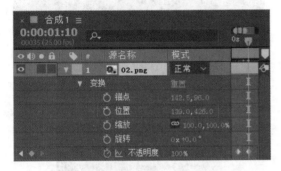

图 21.101

步骤 26 本综合实例制作完成，此时拖动时间线查看画面效果，如图21.102所示。

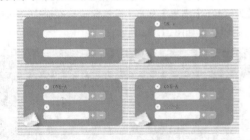

图 21.102

综合实例21.4：制作柠檬图标APP UI动画

文件路径：第21章 UI动效综合实例→综合实例：制作柠檬图标APP UI动画

本综合实例主要使用【钢笔工具】绘制文字背景形状及反光面，从而提升文字形状的整体质感，效果如图21.103所示。

扫一扫，看视频

图 21.103

步骤 01 在【项目】面板中右击，选择【新建合成】命令，在弹出的【合成设置】窗口中设置【合成名称】为【合成1】，【预设】为PAL D1/DV，【宽度】为720，【高度】为576，【像素长宽比】为D1/DV PAL（1.09），【帧速率】为25，【分辨率】为【完整】，【持续时间】为5秒。在【时间轴】面板的空白位置处右击，执行【新建】/【纯色】命令，在弹出的【纯色设置】窗口中设置【名称】为【黑色 纯色 1】，【宽度】为720，【高度】为576，【颜色】为黑色，如图21.104所示。

步骤 02 在【时间轴】面板中单击选中【黑色 纯色 1】图层，并将光标定位在该图层上，右击，执行【图层样式】/【渐变叠加】命令，如图21.105所示。

图 21.104

图 21.105

步骤 03 在【时间轴】面板中单击打开【黑色 纯色 1】图层下方的【图层样式】/【渐变叠加】，单击【颜色】后方的【编辑渐变】按钮，在弹出的【渐变编辑器】窗口中编辑一个由浅蓝色到深蓝色的渐变，接着设置【样式】为【径向】，【缩放】为150.0%，【偏移】为(0.0,-10.0)，如图21.106所示。此时，画面效果如图21.107所示。

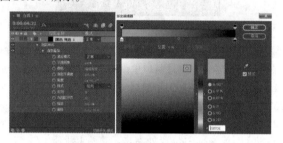

图 21.106

图 21.107

步骤 04 在工具栏中选择 ✎（钢笔工具），并设置【填充】为绿色，【描边】为无，设置完成后在画面合适位置处单击建立锚点进行形状的绘制，在绘制形状时可拖动锚点两端控制柄调整曲线弯曲度，如图21.108所示。

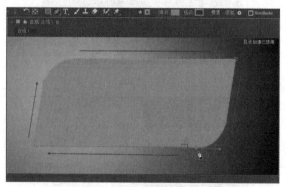

图 21.108

步骤 05 为该形状图层添加图层样式。在【时间轴】面板中选中【形状图层 1】图层，并将光标定位在该图层

上，执行【图层样式】/【渐变叠加】命令。在【时间轴】面板中单击打开【形状图层 1】图层下方的【图层样式】/【渐变叠加】，单击【颜色】后方的【编辑渐变】按钮，在弹出的【渐变编辑器】窗口中编辑一个由深绿色到浅绿色的渐变，如图21.109所示。此时，画面效果如图21.110所示。

图 21.109

图 21.110

步骤 06 再次在工具栏中选择 ✎（钢笔工具），设置【填充】为绿色，【描边】为无，设置完成后在画面合适位置处绘制形状，如图21.111所示。

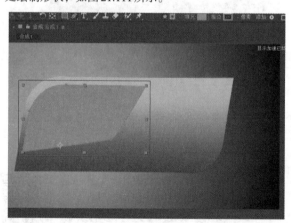

图 21.111

步骤 07 在【时间轴】面板中单击选中【形状图层 2】图层，并将光标定位在该图层上，右击，执行【图层样式】/【渐变叠加】命令，如图21.112所示。

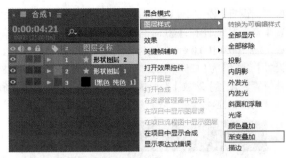

图 21.112

步骤 08 在【时间轴】面板中单击打开【形状图层 2】图层下方的【图层样式】/【渐变叠加】，单击【颜色】后方的【编辑渐变】按钮，在弹出的【渐变编辑器】窗口中编辑一个由草绿色到嫩绿色的渐变，接着设置【角度】为0x+95.0°，如图 21.113 所示。此时画面效果如图 21.114 所示。

图 21.113

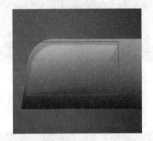

图 21.114

步骤 09 在工具栏中选择 ■（矩形工具），设置【填充】为白色，【描边】为无，接着在【合成】面板中绘制一个长条矩形，如图 21.115 所示。

步骤 10 使用同样的方法为【形状图层 3】图层添加【渐变叠加】效果，接着打开该图层下方的【变换】，设置【位置】为(431.5,148.0)；继续展开【图层样式】/【渐变叠加】，单击【颜色】后方的【编辑渐变】按钮，在弹出的【渐变编辑器】窗口中的色条下方空白位置处单击，添加色块，接着编辑一个由嫩绿色到白色再到嫩绿色的

渐变，并设置【角度】为0x+180.0°，如图 21.116 所示。此时，矩形效果如图 21.117 所示。

步骤 11 使用同样的方法再次制作一个渐变长条矩形，并为其设置合适的参数，如图 21.118 所示。

图 21.115

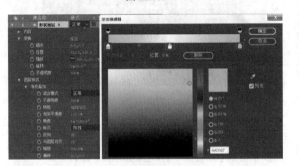

图 21.116

图 21.117   图 21.118

步骤 12 在绿色形状上方输入文字。在【时间轴】面板的空白位置处右击，执行【新建】/【文本】命令。接着在【字符】面板中设置合适的【字体系列】，【填充】为白色，【描边】为无，【字体大小】为60像素，单击 *T*（仿斜体）按钮，在【段落】面板中选择 ≡（居中对齐文本），设置完成后输入文本ERAY!!!并适当调整文字位置，如图 21.119 所示。

图 21.119

步骤 13 在【时间轴】面板中选中当前的图层1~图层5，如图21.120所示。

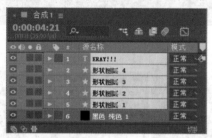

图 21.120

步骤 14 使用【预合成】快捷键Ctrl+Shift+C，在弹出的【预合成】窗口中单击【确定】按钮，此时在【时间轴】面板中得到【预合成 1】图层，如图21.121所示。

步骤 15 在【效果和预设】面板中搜索【快速方框模糊】效果，将该效果拖曳到【时间轴】面板的【预合成 1】图层上，如图21.122所示。

图 21.121

图 21.122

步骤 16 在【时间轴】面板中单击打开该文本图层下方的【效果】/【快速方框模糊】，将时间线拖动到1秒15帧位置，单击【模糊半径】前的◎（时间变化秒表）按钮，设置【模糊半径】为230.0；再将时间线拖动到2秒10帧

位置，设置【模糊半径】为0.0。展开【变换】，在当前位置单击【缩放】前的◎（时间变化秒表）按钮，设置【缩放】为（100.0,100.0%）；将时间线拖动到2秒15帧位置，设置【缩放】为（125.0,125.0%）；将时间线拖动到2秒18帧位置，设置【缩放】为（100.0,100.0%），如图21.123所示。此时，拖动时间线查看效果，如图21.124所示。

图 21.123

图 21.124

步骤 17 将【项目】面板中的01.png素材拖曳到【时间轴】面板中，如图21.125所示。

图 21.125

步骤 18 在【效果和预设】面板中搜索【球面化】，将该效果拖曳到【时间轴】面板的01.png图层上，如图21.126

所示。

图 21.126

步骤 19 在【时间轴】面板中单击打开该图层下方的【变换】，设置【位置】为（205.0,270.0），【缩放】为（40.0,40.0%）；接着打开【效果】/【球面化】，将时间线拖动到起始帧位置，单击【半径】前的 ⏱ (时间变化秒表)按钮，设置【半径】为320.0；将时间线拖动到1秒位置，设置【半径】为480.0；将时间线拖动到1秒12帧位置，设置【半径】为350.0；将时间线拖动到2秒10帧位置，设置【半径】为0.0。继续将时间线拖动到10帧位置，单击【球面中心】前的 ⏱ (时间变化秒表)按钮，设置【球面中心】为（385.0,527.0）；将时间线拖动到20帧位置，设置【球面中心】为（475.0,720.0）；最后将时间线拖动到1秒10帧位置，设置【球面中心】为（795.0,180.0），如图21.127所示。此时，拖动时间线查看效果，如图21.128所示。

步骤 20 本综合实例制作完成，拖动时间线查看画面效果，如图21.129所示。

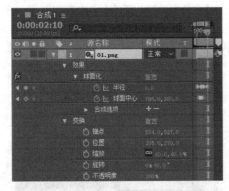

图 21.127

图 21.128   图 21.129

综合实例21.5：制作正在下载图标动画

文件路径：第21章 UI动效综合实例→综合实例：制作正在下载图标动画

扫一扫，看视频

本综合实例首先使用【矩形工具】及【钢笔工具】绘制形状，接着在形状上方输入文字，然后使用【位置】及【缩放】关键帧制作动画效果，效果如图21.130所示。

图 21.130

1. 绘制下载按钮

步骤 01 在【项目】面板中右击，选择【新建合成】命令，在弹出的【合成设置】窗口中设置【合成名称】为【合成1】，【预设】为【自定义】，【宽度】为1440，【高度】为1080，【像素长宽比】为【方形像素】，【帧速率】为24，【分辨率】为【完整】，【持续时间】为5秒，【背景颜色】为淡紫色。在工具栏中选择 ▭ (矩形工具)，设置【填充】为白色，【描边】为无，接着在画面中按住鼠标左键拖动绘制一个矩形形状，如图21.131所示。

步骤 02 在工具栏中选择 ✒ (钢笔工具)，设置【填充】为淡粉色，【描边】为无，接着在白色矩形上方绘制一个箭头，如图21.132所示。

 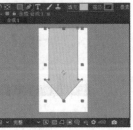

图 21.131   图 21.132

步骤 03 在【时间轴】面板中选择【形状图层2】图层，右击，执行【图层样式】/【渐变叠加】命令。单击打开【形状图层2】图层下方的【图层样式】/【渐变叠加】，单击【颜色】后方的【编辑渐变】按钮，在弹出的【渐变编辑器】窗口中编辑一个由淡粉色到淡紫色的渐变，如图21.133所示。此时，画面效果如图21.134所示。

图 21.133

图 21.134

步骤 04 在【时间轴】面板的空白位置处右击，执行【新建】/【文本】命令。接着在【字符】面板中设置合适的【字体系列】，设置【填充】为白色，【字体大小】为21像素，单击 **T**（仿粗体）按钮，在【段落】面板中选择**三**（居中对齐文本），设置【段前添加空格】为−206像素，设置完成后输入VOLUPATAT，如图21.135所示。

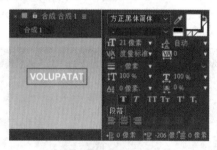

图 21.135

步骤 05 在【时间轴】面板中单击打开文本图层下方的【变换】，设置【位置】为（720.0,238.0），如图21.136所示。此时，画面效果如图21.137所示。

步骤 06 继续使用快捷键Ctrl+Shift+Alt+T新建文本，接着在【字符】面板中设置合适的【字体系列】，设置【填

充】与【描边】均为白色，【字体大小】为87像素，【描边宽度】为7像素，选择【在填充上描边】选项，然后输入NO.1，如图21.138所示。继续调整文字位置，在【时间轴】面板中单击打开NO.1文本图层下方的【变换】，设置【位置】为（726.0,352.0），如图21.139所示。

图 21.136

图 21.137

图 21.138

图 21.139

步骤 07 使用相同的方法在NO.1文字下方制作文字，并在【字符】面板中设置合适的【字体系列】，设置【填充】为白色，【字体大小】为20像素，接着适当调整文字位置，如图21.140所示。

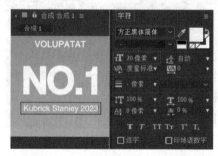

图 21.140

步骤 08 在工具栏中选择■（矩形工具），设置【填充】为无，【描边】为白色，【描边宽度】为2像素，接着在箭头上绘制一个矩形，如图21.141所示。在工具栏中选择**T**（横排文字工具），在【字符】面板中设置合适的【字体系列】，设置【填充】为白色，【字体大小】为45像素，单击**TT**（全部大写字母）按钮，接着在矩形框内输入文字，并调整文字位置，如图21.142所示。

中文版After Effects 2023从入门到实战（全程视频版）（下册）

图 21.141   图 21.142

2. 制作动画效果

步骤 01 在【时间轴】面板中单击打开【形状图层 2】图层下方的【变换】，将时间线拖动到起始帧位置，单击【位置】及【缩放】前的 (时间变化秒表)按钮，设置【位置】为（720.0,88.0），单击【缩放】后方的 (约束比例)按钮，取消比例的约束，设置【缩放】为（100.0,0.0%）。继续将时间线拖动到2秒位置，设置【位置】为（720.0,540.0），【缩放】为（100.0,100.0%），如图21.143所示。拖动时间线查看动画效果，如图21.144所示。

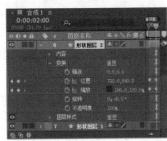

图 21.143   图 21.144

步骤 02 在【效果和预设】面板搜索框中搜索CC Lens，将该效果拖曳到【时间轴】面板的NO.1文本图层上，如图21.145所示。

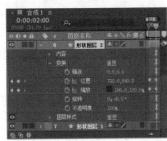

图 21.145

步骤 03 在【时间轴】面板中单击打开NO.1文本图层下方的【效果】/CC Lens，将时间线拖动到2秒位置，单击Size前的 (时间变化秒表)按钮，设置Size为0.0；继续将时间线拖动到3秒10帧位置，设置Size为500.0；如图21.146所示。此时，文字效果如图21.147所示。

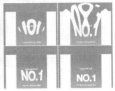

图 21.146   图 21.147

步骤 04 在【效果和预设】面板搜索框中搜索CC Flo Motion，将该效果拖曳到【时间轴】面板的DOWN文本图层上，如图21.148所示。

图 21.148

步骤 05 在【时间轴】面板中单击打开DOWN文本图层下方的【效果】/CC Flo Motion，将时间线拖动到3秒位置，单击Amount 1前的 (时间变化秒表)按钮，设置Amount 1为300.0；继续将时间线拖动到4秒位置，设置Amount 1为0.0，如图21.149所示。

步骤 06 本综合实例制作完成，画面效果如图21.150所示。

图 21.149   图 21.150

综合实例21.6：制作折线统计图动画

文件路径：第21章 UI动效综合实例→综合实例：制作折线统计图动画

本综合实例首先使用【圆角矩形工具】制作统计图背景，接着使用【矩形工具】及

扫一扫，看视频

【钢笔工具】绘制表格，使用CC Jaws效果制作表格效果，最后在表格上绘制一条弯曲线段，效果如图21.151所示。

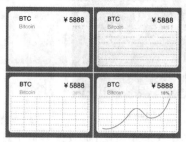

图 21.151

步骤 01 在【项目】面板中右击，选择【新建合成】命令，在弹出的【合成设置】窗口中设置【合成名称】为【合成1】，【预设】为【自定义】，【宽度】为1500，【高度】为1080，【像素长宽比】为【方形像素】，【帧速率】为24，【分辨率】为【完整】，【持续时间】为5秒，【背景颜色】为蓝色。下面制作统计图背景部分。在工具栏中选择◻(圆角矩形工具)，设置【填充】为白色，【描边】为无，接着在【合成】面板中按住鼠标左键绘制一个形状，如图21.152所示。

图 21.152

步骤 02 更改形状的圆度。在【时间轴】面板中单击打开【形状图层 1】图层下方的【内容】/【矩形 1】/【矩形路径1】，设置【圆度】为55.0，如图21.153所示。此时，画面效果如图21.154所示。

图 21.153

图 21.154

步骤 03 制作文字部分。在【时间轴】面板的空白位置处右击，执行【新建】/【文本】命令。接着在【字符】面板中设置合适的【字体系列】及【字体样式】，设置【填充】为黑色，【字体大小】为100像素，单击 T (仿粗体)按钮，在【段落】面板中选择▤(居中对齐文本)，设置完成后输入文字BTC，如图21.155所示。

图 21.155

步骤 04 调整文字位置。在【时间轴】面板中单击打开BTC文本图层下方的【变换】，设置【位置】为(339.0,228.0)，如图21.156所示。此时，文字位于画面左上角，如图21.157所示。

图 21.156   图 21.157

步骤 05 在工具栏中选择 T (横排文字工具)，在BTC文字下方单击插入光标，然后在【字符】面板中设置合适的【字体系列】及【字体样式】，设置【填充】为灰色，【字体大小】为90像素，设置完成后输入文字Bitcoin并适当调整文字的位置，如图21.158所示。使用同样的方法使用【文字工具】在画面右侧输入文字，如图21.159所示。

图 21.158   图 21.159

步骤 06 在【时间轴】面板中选择18%↑文本图层，右击，执行【图层样式】/【颜色叠加】命令，如图21.160

所示。将时间线拖动到3秒位置，单击【颜色】前方的 ⏱（时间变化秒表）按钮，设置【颜色】为青色，此时，在当前位置出现关键帧，如图21.161所示。

图 21.160

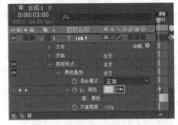

图 21.161

步骤 07 继续将时间线拖动到3秒05帧位置，更改【颜色】为蓝色，如图21.162所示。使用同样的方法每隔5帧分别更改【颜色】为青色和蓝色，如图21.163所示。

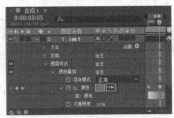

图 21.162

图 21.163

步骤 08 拖动时间线查看文字效果，如图21.164所示。

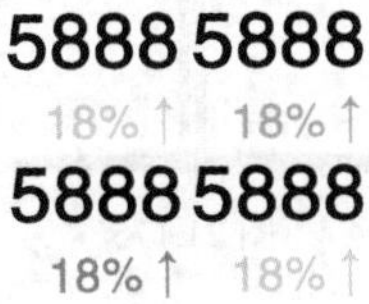

5888 5888
18%↑   18%↑
5888 5888
18%↑   18%↑

图 21.164

步骤 09 制作表格。在工具栏中选择 ▭（矩形工具），设置【填充】为无，【描边】为灰色，【描边宽度】为3像素，接着在文字下方绘制一个矩形，如图21.165所示。

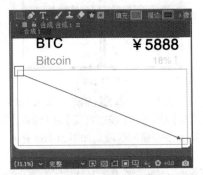

图 21.165

步骤 10 在【效果和预设】面板搜索框中搜索CC Jaws，将该效果拖曳到【时间轴】面板的【形状图层 2】图层上，如图21.166所示。

图 21.166

步骤 11 单击打开【形状图层 2】图层下方的【效果】/CC Jaws，将时间线拖动到起始帧位置，单击Completion前方的 ⏱（时间变化秒表）按钮，设置Completion为100.0%；继续将时间线拖动到20帧位置，设置Completion为0.0%，如图21.167所示。拖动时间线查看当前画面效果，如图21.168所示。

图 21.167

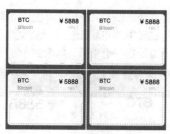

图 21.168

步骤 12 在工具栏中选择 🖊 (钢笔工具),设置【填充】为无,【描边】为灰色,【描边宽度】为3像素,接着在矩形框内部绘制5条横向线段,如图21.169所示。使用同样的方法制作5条竖向线段,如图21.170所示。

图 21.169   图 21.170

步骤 13 在【时间轴】面板中选择【形状图层 2】图层下方的CC Jaws效果,使用快捷键Ctrl+C复制,接着将时间线拖动到20帧位置,选择【形状图层 3】图层,在当前位置使用快捷键Ctrl+V粘贴,如图21.171所示。继续将时间线拖动到1秒16帧位置,选择【形状图层4】图层,再次使用快捷键Ctrl+V粘贴,如图21.172所示。

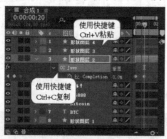

图 21.171

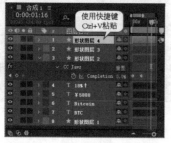

图 21.172

步骤 14 拖动时间线查看当前画面效果,如图21.173所示。

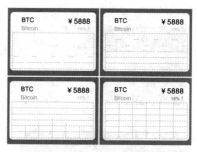

图 21.173

步骤 15 在工具栏中选择 🖊 (钢笔工具),设置【填充】为无,【描边】为蓝色,【描边宽度】为10像素,接着在矩形框内部绘制曲线,如图21.174所示。为该图层添加【径向擦除】效果,将时间线拖动到2秒12帧位置,单击【过渡完成】前方的 ⏱ (时间变化秒表)按钮,设置【过渡完成】为70%,继续将时间线拖动到第5秒位置,设置【过渡完成】为0%。

步骤 16 本综合实例制作完成,拖动时间线查看画面效果,如图21.175所示。

图 21.174

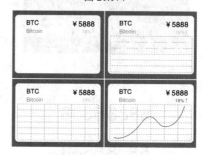

图 21.175

中文版After Effects 2023从入门到实战(全程视频版)(下册)